Ainissa Ramirez

神奇的材料

[美]艾妮莎·拉米雷斯 —— 著

任烨 —— 译

The Alchemy
of Us

How Humans and Matter Transformed One Another

中信出版集团 | 北京

图书在版编目（CIP）数据

神奇的材料 /（美）艾妮莎·拉米雷斯著；任烨译
. —北京：中信出版社，2021.2（2023.8 重印）
书名原文：The Alchemy of Us: How Humans and
Matter Transformed One Another
ISBN 978–7–5217–2746–3

I.①神… II.①艾… ②任… III.①材料科学－普
及读物 IV.① TB3–49

中国版本图书馆 CIP 数据核字（2021）第 022209 号

神奇的材料
著者：　　　[美]艾妮莎·拉米雷斯
译者：　　　任烨
出版发行：中信出版集团股份有限公司
　　　　　（北京市朝阳区东三环北路 27 号嘉铭中心　邮编　100020）
承印者：　　北京诚信伟业印刷有限公司

开本：880mm×1230mm　1/32　　插页：32
印张：9　　　　　　　　　　　　字数：234 千字
版次：2021 年 2 月第 1 版　　　印次：2023 年 8 月第 3 次印刷
京权图字：01–2021–0307　　　书号：ISBN 978–7–5217–2746–3
定价：56.00 元

献给我的母亲与祖母

你触碰过的一切会因你而改变

你改变过的一切也会改变你……

——奥克塔维娅·E. 巴特勒

目录

第三章

通信

... 049

让信息迅捷传递的电报线路,
如何塑造了简洁的语言❓

第四章

拍摄

... 085

让美好画面定格的摄影胶片,
如何服务于社会的偏见❓

第五章

看见

让电灯走进千家万户的碳灯丝，
如何让光亮变得过犹不及❓

第六章

分享

让音乐和语言留下印记的磁性材料，
如何演化成出人意料的数据传播方式❓

我从4岁起就想成为一名科学家，在我居住的新泽西州的那个小地方，人们都觉得我是一个与众不同的小女孩。我小时候非常好奇，想知道天空为什么是蓝色的，叶子为什么会变色，而雪花又为什么有6条边。从20世纪70年代末到80年代，我带着这样永无止境的好奇心，在观看电视节目的过程中产生了成为一名科学家的想法。那时候，尽管我很喜欢像《星际迷航》（包括主角斯波克）、《无敌女金刚》和《无敌金刚》这样的节目，但让我坚定地走上科学道路的是一档名叫 *3-2-1 Contact* 的公共电视节目①。这档节目中反复出现一个年轻的非裔美国女孩解决问题的情节，当我看到她动脑筋的时候，我就仿佛看到了自己。

在童年的我眼里，科学充满了乐趣与惊奇。然而多年以后，当我坐在科学课堂上眼泪夺眶而出的时候，想成为科学家的梦想几近破灭。科学课一点儿也不好玩，也不会让人感觉到神奇。事实上，这些课不但枯燥乏味，而且设置的初衷是淘汰学生。化学课好似制式化的食谱，工程课是检查蒸汽机，数学课也让人完全没有学习动力。我知道这些学科比

---

① *3-2-1 Contact* 是一档解释各种科学原理及其应用的美国儿童节目，于1980—1988年在美国公共电视网播出。——编者注

所教授的内容要精彩，于是在图书馆里花了很多时间，并且在老师和助教的帮助下勉强熬过来了。幸运的是，我发现了一个让我找回好奇心的专业，那就是材料科学这个冷门领域，从中我了解到世间万物都是原子运动的结果。

材料科学有点儿像我的家乡新泽西州，它被夹在两个更有名的实体之间。对新泽西州来说，这两个实体是纽约和费城；对材料科学来说则是化学和物理学，而且和新泽西州一样，材料科学始终没能证明它本身有多么重要。如果没有"兄弟之爱之城"（费城）或者"大苹果"（纽约），那么新泽西州将是一个受人喜爱和尊敬的地方。要是它位于西边的某个地方，比如紧挨着艾奥瓦州的话，新泽西州或许会有很好的发展，因为它有自己的历史和文化，当然它也有自己的态度。但是，"花园州"（新泽西州）在强势邻居的对比之下黯然失色。材料科学也面临着相同的窘境。

尽管我总会碰到不被欣赏的州和科学专业，但我很喜欢材料科学，部分原因是我在布朗大学读书期间，L. 本·弗罗因德教授说过的一句话深深打动了我。"我们之所以没有穿过地板掉下去，我的毛线衫之所以是蓝色的，以及灯之所以能正常运转，都是因为原子相互作用的方式。"他说，"如果你能搞清楚它们是怎么做到的，就可以改变原子相互作用的方式，从而让它们做一些新的事情。"此后我开始用一种新的眼光去看待周围的一切。铅笔之所以能留下记号，是因为层层碳原子相对于彼此滑动。眼镜之所以能帮助我看清东西，是因为镜片把光折射到我的视网膜上。鞋子里的橡胶垫之所以能为我的双脚带来有弹性的舒适感，是因为其中扭曲盘绕的分子。原子做了这一切，它们告诉我的东西让我理解了整个世界。尽管我的好奇心回来了，但我花费了本科阶段的大部分时间才再次接触到它。如果我被那些难懂的基础科学课程淘汰了，很容易就会失去这个机会。毕业时，我发誓要竭尽所能不让其他人因为科学而遭受这种折磨。这本书就是我为了兑现当时的承诺而写的。

20年后，我如愿成了一名科学家，并且无意间产生了写作这本书的想法。作为一个成年人，尽管我依然喜欢追求新奇的事物，但我更偏爱那种既值得学习又令人兴奋的事物。吹制玻璃就属于后者，所以我报名参加了一些课程。

在玻璃吹制课堂上，我总是充满了敬畏，比如，当我看到我的老师雷只是简单地拉了几下，就把一块透明的玻璃变成了一匹飞驰的马的时候。但我也非常恐惧，比如，当雷警告我滴到地板上的玻璃能把我的鞋底融化出一个洞的时候。在吹制玻璃的过程中，我对它的理解比我从科学研究中获得的认识还要深刻。但很快我就学到了一些出乎我意料的东西。

一个星期三的晚上，我满怀着工作带来的负面情绪去上玻璃吹制课。通常，我在课上都会以极其仔细的态度对待熔融态液体。和在每堂课上一样，我会把管子插进大桶里，取出一小块，先吹出一个高尔夫球大小的气泡，然后将它塑造成一个小花瓶。不过在那晚的课上，我不想这么谨慎了。

在新英格兰的那个冬夜，我管子末端的玻璃量是往常的3倍，其中有些还滴到了地上，我都快举不动了。但我不在乎。我吹出一个有两个棒球那么长的气泡，然后一步步加热、塑形、再加热、转动、继续加热和塑形。当我郁闷的情绪终于得到缓解时，我发现这个花瓶是我的最佳作品之一。在接近最后阶段的时候，我举着管子把花瓶放入熔炉，然后和班上的一位同学聊起天来。我开始想一些玻璃之外的事情，而这实际上是个大错误。

在我们闲聊的同时，花瓶因待在熔炉中的时间过长而呈现出耀眼的橙色，并且在管子的末端开始向下弯曲。我刚才的骄傲感荡然无存。我把玻璃旋转了180度，却导致花瓶向此时朝下的一面弯曲。我又转了一次，它又向下弯，再转一次还是向下弯，又来一次仍然向下弯。我的上唇渐渐布满了汗珠。

我希望从开着的窗户吹进来的冬日微风能使玻璃花瓶冷却变硬，从而帮我摆脱困境。但工作室的熔炉致使室内的温度一直很高。我遇到麻烦了，玻璃似乎也感觉到了这一点。

最后，还是花瓶自己解决了这一切。当我再次旋转管子时，花瓶猛然掉落到地上。我检查了一下，玻璃碎片并没有划伤我的皮肤。然而，花瓶在杂乱的地面上有节奏地抽动着，看起来很不好。

我冲着雷大喊，他戴着石棉手套快步走过来。他一把将花瓶捡起来，重新插在我的管子上，然后放入熔炉，之后把它拿回到我的工作台。雷来回滚动着管子，切开了花瓶的密封唇口，接着用一块潮湿的木头使扁平的一边变圆。尽管玻璃花瓶即将起死回生，但它的形状和大小都跟之前不一样了。

在玻璃冷却而我也冷静下来之后，我花时间思考了一下刚才发生的事情，然后突然产生了一个想法。我塑造了玻璃，而玻璃也在塑造我。尽管我让它掉到了地上，但也赋予它形状。在这个星期三的晚上，制作玻璃花瓶这件事不仅让我暂时忘记了糟糕的一天，还让我对玻璃这种材料有了更深刻的理解与认知。这个想法或许有些许存在主义的意味，但它给了我写作这本书的灵感。材料与人类相互塑造的理念，促使我去探索在历史上材料是如何造就我们的。

这本书展现了发明家塑造材料，以及这些材料塑造人类文化的过程。

每一章都以一个动词作为标题，并介绍这个词的含义形成的过程。特别要指出的是，这本书着重探讨了石英钟、钢轨、铜质通信电缆、银质感光胶片、碳质灯丝、磁性硬盘、玻璃实验器具和硅片，如何从根本上改变了我们互动、连接、通信、拍摄、看见、分享、发现和思考的方式。这本书通过讲述鲜为人知的发明家的故事，以及从另一个角度来看待那些著名的发明家，填补了大多数技术专著的空白。我之所以选择关注这些空白和历史上无人问津的问题，是因为它们对于人类文化的形成同样具有启发性。我之所以突出强调这些问题，是为了让更多的人看到它们带来的影响。我想以讲故事的方式把科学的神奇与乐趣带给更多的人。

我希望当你读完这本书的时候，不仅能了解各种各样的技术，还会产生一种紧迫感。为了成就最好的自己，我们需要用批判的眼光来看待周围的工具，这本书的目的就是培养这种思维方式。在这本书中，你会获得很多的聚会谈资和一些值得反复思考的见解。

总的来说，这本书旨在创造人与世界、人与历史及人与人之间的一种新的连接。不可否认，科学与文化之间的联系似乎是一个有些轻率的概念，但20世纪博学多才的社会学家麦当娜在有关我们生活在一个物质世界的歌曲里，唱到了这一点。她是完全正确的，我们周围的一切都由某种东西构成。然而，我们不仅生活在一个物质世界中，还在与这些物质共舞。我们塑造了它们，它们反过来也造就了我们。这就是在那个星期三的冬夜，变形的花瓶给予我的最深刻的教训。让我们从它的牺牲中汲取经验，并且探究其中的奥秘吧。

艾妮莎·拉米雷斯博士

于康涅狄格州纽黑文市

图 1

露丝·贝尔维尔在格林尼治皇家天文台门口获得精确的时间后，要通过步行把它传递到整个伦敦

图 2

"阿诺德"是贝尔维尔家族的怀表，为伦敦的用户提供了一个多世纪的授时服务

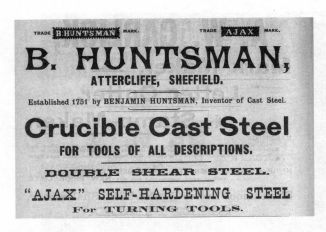

图 3

从这幅 1900 年的广告中可以看出，本杰明·亨茨曼的名字就是高品质坩埚钢的代名词（未找到亨茨曼本人的照片）

图 4

20 世纪谢菲尔德的一位工人在用脚踩黏土，这些黏土是用于制造盛放钢水的坩埚的。踩黏土是一种可靠的方法，能发现卵石和气泡，从而避免裂缝和渗漏

图 5

谢菲尔德的一位工人将坩埚中的液态金属倒进模具中。为了保证金属的纯净，不能让液体表面的无用颗粒也落入模具中

图 6

几个纽约人聚集在展示"世界最精确公共时钟"的橱窗周围，调着各自的手表。这台用石英石计时的时钟是由贝尔实验室的科学家沃伦·马里森制造的

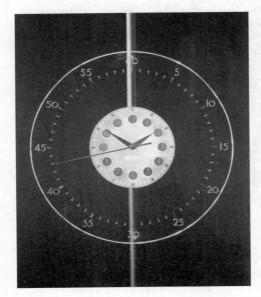

图 7

"世界最精确公共时钟"的钟面直径将近3英尺。它的秒针比分针长很多，这样人们就可以让自己的手表精确地与之同步

图 8

沃伦·马里森坐在他早期研制的一台用于科学实验的石英天文钟旁。尽管马里森开创了一个计时的新时代，但他在历史上常被忽视

图 9

沃伦·马里森制造的钟表，核心是一块环状石英石，它在电路中振动以提供精确的时间。这块石英石的厚度大约有1英寸

图 10

在贝尔实验室，为了减少纽约城市交通带来震动的干扰，马里森的时钟被放在特制
的桌子上。他早期的一些石英钟没有钟面，用的是计数器刻度盘

图 11

马里森在这栋位于曼哈顿的大楼中工作，他在7层研制出了石英钟。这栋大楼位于
西大街463号，是贝尔实验室的旧址

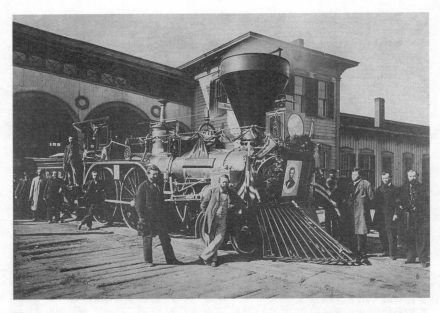

图 12

林肯特别号列车载着林肯的遗体,跨越了陷入悲痛之中的整个美国。人们可以通过车头前面的林肯画像和有些沉闷的钟声认出这列火车

图 13

林肯的总统车厢原本要被设计成他的"空军一号",却成了他的灵车

图 14

在巴尔的摩的卡姆登街火车站，一大群人站在雨中等待着林肯送葬列车的到来

图 15

英国发明家亨利·贝塞麦爵士创造了通过用气流去除铸铁中多余的碳来炼钢的方法

图 16

美国发明家威廉·凯利用空气去吹铁水，以降低燃料成本，他把这种方法称为"充气工序"

图 17

贝塞麦转炉被用于通过鼓入空气来炼钢

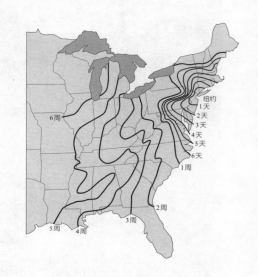

图 18

展示一个人在 1800 年能以怎样的速度到达多远地方的地图（来自《美国历史地理地图集》，已获准使用）

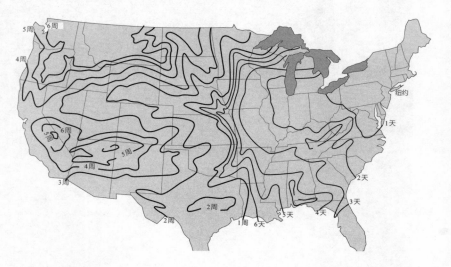

图 19

1857 年，出行所需的时间与几十年前相比大幅缩短（来自《美国历史地理地图集》，已获准使用）

图 20

随着圣诞节的到来，邮政工人要负责运送非常多的包裹，这个节日已经变成了一个赠送礼物的时刻

图 21

与安德鲁·杰克逊在路易斯安那州战场上作战的英军指挥官爱德华·M. 帕克南爵士

图 22

美军指挥官安德鲁·杰克逊在新奥尔良以南几英里的查尔梅特种植园

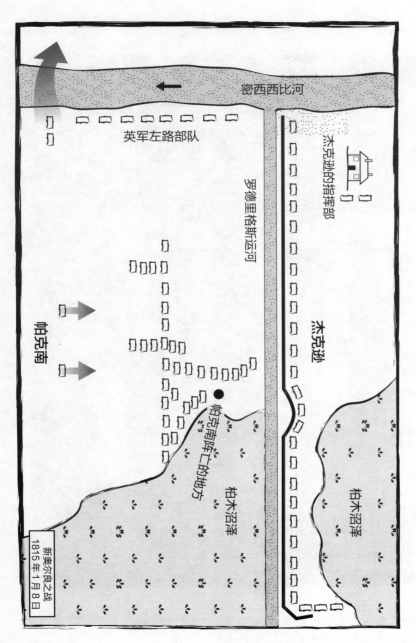

图 23

1815 年 1 月 8 日新奥尔良之战示意图

图 24

苏利号的甲板。塞缪尔·F. B. 摩尔斯在多年后从欧洲返回纽约的过程中，产生了通过将文字压缩成代码、用电来传递消息的想法

图 25

摩尔斯匆匆来到妻子柳克丽霞的墓前，她被葬在康涅狄格州纽黑文的一处家族墓地。她的去世激励了之后摩尔斯发明电报机

图 26

塞缪尔·F. B. 摩尔斯发明了一种通过他设计的电磁电报机快速交流的方法

图 27

阿尔弗雷德·韦尔将摩尔斯的很多想法变成了现实，并且常常对它们进行改进

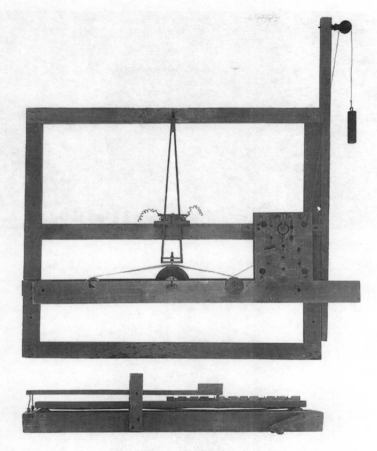

图 28

摩尔斯早期的电报机是用他工作室里的零件制成的。接收代码的电磁铁被安装在一个油画内框上，会来回推动铅笔在纸条上写下代码。有一个跷跷板式的装置在一组传送代码的锯齿上移动

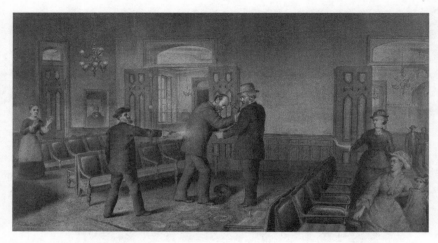

图 29

詹姆斯·A. 加菲尔德总统进入巴尔的摩和波托马克火车站后不久就遇刺了

图 30

刺杀加菲尔德总统的查尔斯·吉托是一个反复无常的人

图 31

詹姆斯·A. 加菲尔德是深受爱戴的美国第20任总统

图 32

一听到枪击事件的消息，柳克丽霞·加菲尔德就急忙来到丈夫身边

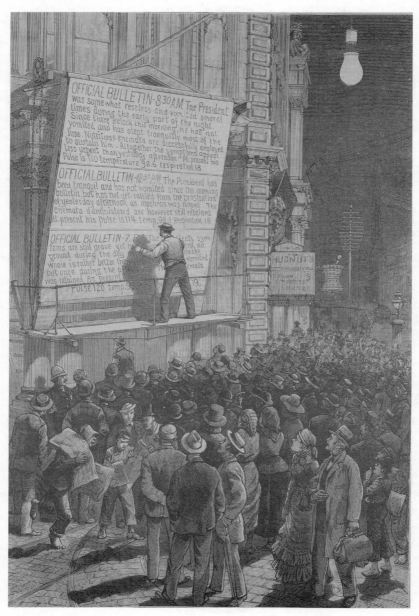

图 33

纽约的人们通过阅读公告栏上从白宫发来的电报消息，来了解加菲尔德的情况

图 34

患病的加菲尔德离他最爱的海边越来越近，在这个过程中，他的妻子从未离开过他的床边，而整个国家也通过电报守在他身边

图 35

美国富豪利兰·斯坦福花钱请埃德沃德·迈布里奇拍摄照片，以解答有关马如何奔跑的问题

图 36

埃德沃德·迈布里奇是一位摄影师，他开创了用一系列相机来捕捉运动物体图像的时代

图 37

马奔跑的时候，会在某一时刻四脚腾空。迈布里奇提供了一张可以回答斯坦福的问题的照片

图 38

帕洛阿尔托某段赛道的一侧布置了一个摄影棚，另一侧则设置了一个用于提供更多光线的倾斜背景板。马在奔跑的过程中，它的身体会拉紧横穿跑道的线，从而触发相机的快门，拍下照片

图 39

在镜头的配合下，利用电快速释放的照相机快门创造出一种躲猫猫的效果。这就是迈布里奇成功抓拍到马腾空时照片的一部分秘诀

图 40

汉尼拔·古德温是新泽西州纽瓦克的一位牧师，他想为自己的主日学课程拍摄照片，于是他用化学药品发明了一种可弯曲的相机底片

图 41

摄影企业家乔治·伊士曼。他和汉尼拔·古德温就判定谁是最早发明可弯曲相机底片的人这个问题，进行了长时间的法律斗争

图 42

汉尼拔·古德温住在位于新泽西州纽瓦克祈祷教堂旁边的普卢姆楼。他在阁楼里的化学实验室制造出了相机底片

图 43

为了让阳光照进化学实验室，古德温牧师在他阁楼的屋顶锯出了一个5英尺宽的洞

图 44
演讲家和废奴主义者弗雷德里克·道格拉斯曾经是世界上被拍照次数最多的人，他用自己的肖像来消除人们对黑人的刻板印象

图 45
非裔美国人研究学者 W. E. B. 杜波依斯认为，商业摄影胶片在呈现黑人皮肤方面表现糟糕

图 46

卡罗琳·亨特。她与肯·威廉斯发起了宝丽来革命工人运动，揭露了在南非的种族隔离制度下，她的雇主生产的即时显影照片所发挥的邪恶作用

图 47

与这款产品类似的宝丽来 ID-2 相机被用来给南非的黑人拍摄通行证照片，以便政府控制他们的行踪

图 48
威廉·华莱士在康涅狄格州的安索尼亚向爱迪生展示了他的弧光灯，促使爱迪生开始研制电灯

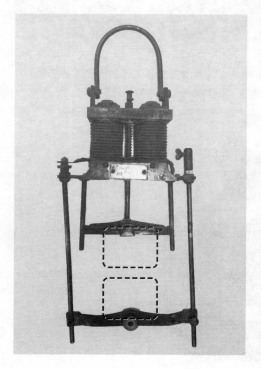

图 49
威廉·华莱士制造的弧光灯（虚线表示提供照明的碳块的位置）

图 50

华莱士的发电机"telemachon"将诺格塔克河的水力转化为电力

图 51

华莱士为了测试,在华莱士工厂的烟囱上安装了一盏弧光灯。灯光照亮了城市,引起了市民的骚动

图 52

在爱迪生位于门洛帕克的实验室里，日夜都有人忙碌着

图 53

爱迪生（中）和他的助手们在爱迪生实验室的二楼进行短暂的休息

图 54

年轻的托马斯·爱迪生

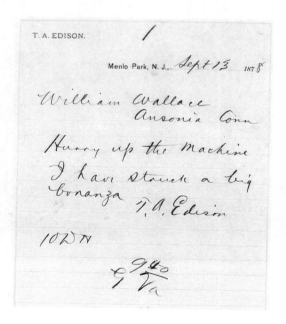

图 55

爱迪生写给威廉·华莱士这封信，敦促这位康涅狄格州的发明家尽快交货

图 56

爱迪生最早研制的灯泡之一

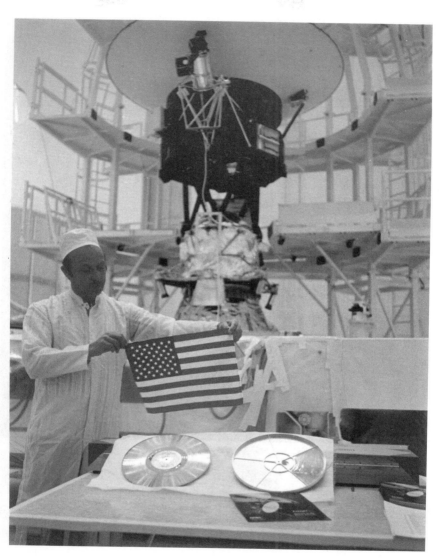

图 57

NASA 的约翰·卡萨尼与尚未被固定在旅行者号飞船上的金唱片

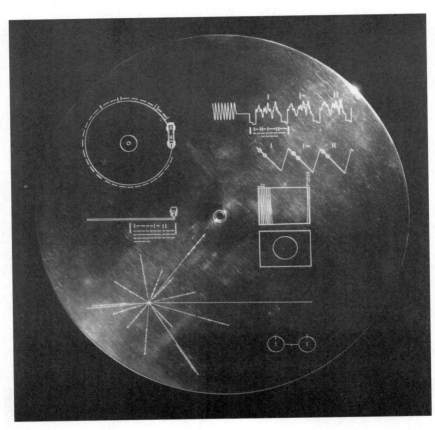

图 58

金唱片的封面上刻有提示，告诉外星人如何使用它

7001

图 59

爱迪生的留声机能够通过在圆筒外包裹的锡箔上戳孔来捕捉声音

图 60

一个小男孩和他小屋里的一台留声机。这展示了音乐欣赏能力的普及程度

图 61

盒式磁带使听众能够分享和录制个性化的集锦盒带

图 62

雅各布·哈戈皮安是一位工程师，他为早期的IBM硬盘研制了磁性涂层，从而帮助改变了数据的存储形态

图 63

雷伊·约翰逊的任务是找到一种不需要IBM穿孔卡就能存储数据的方法

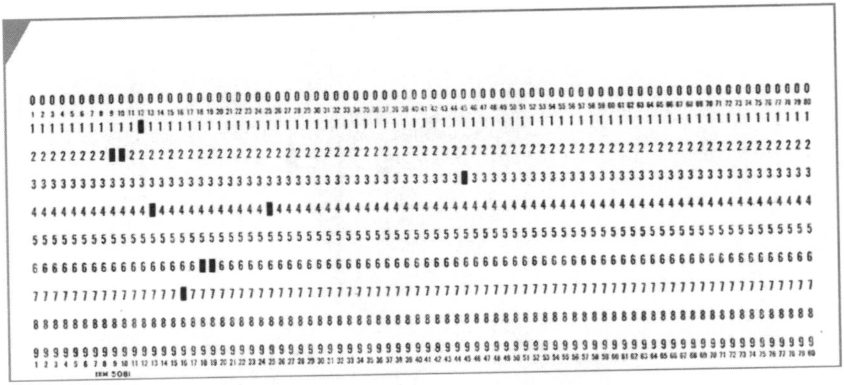

图 64
穿孔卡利用孔的位置来保存信息，但是大量的卡片变得越来越难以管理

图 65
赫尔曼·何乐礼发现了一种通过在卡片上打孔来收集和统计人口普查数据的方法

图 66

这幅用约瑟夫–玛丽提花织机完成的画像是由织机根据带孔卡片的指示制作的（卡片上的孔使得针穿过并形成图像）

图 67

提花画像的放大图，可以看出它是一种织物

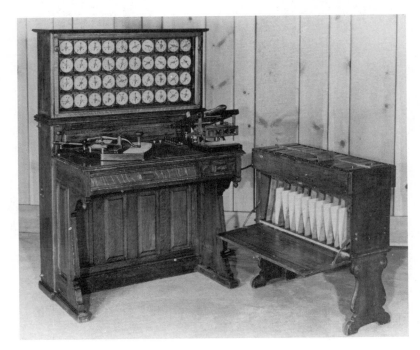

图 68

何乐礼的机器对填满数据的卡片进行穿孔、制表和分类

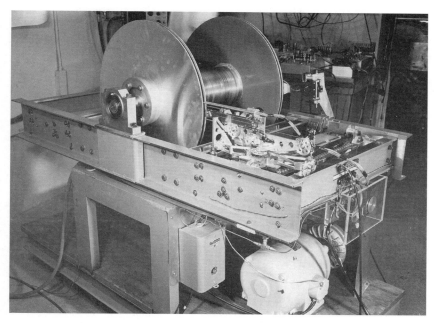

图 69

最早的 IBM 硬盘是由废旧零件组成的

图 70

这三幅图片展示了哈格皮安如何通过旋转硬盘来完成磁性涂层

图 71

IBM 的商用硬盘 "RAMAC" 能存储 5 MB 的数据

图 72

IBM 的 "RAMAC" 需要几个人才能完成装运

图 73

硬盘的诞生地是加利福尼亚州圣何塞的圣母大道 99 号

图 74

发现青霉素的伦敦医院的街景。弗莱明的实验室面对着街道，位于大楼最前面圆形街道牌上方的第二扇窗户里

图 75

伦敦圣玛丽医院,亚历山大·弗莱明的实验室内部

图 76

亚历山大·弗莱明坐在显微镜前。这张照片摄于他发现青霉素前后

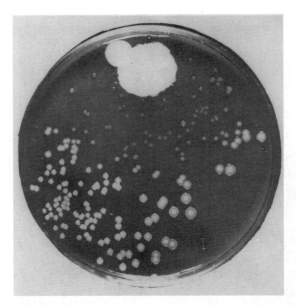

图 77

弗莱明发现能产生青霉素的霉菌的培养皿

图 78

德国化学家奥托·肖特发明了一种被称为硼硅酸盐玻璃的新玻璃，它被广泛用于科学实验室

图 79

德国科学家恩斯特·阿贝与肖特合作，改善用于科学研究的玻璃镜片和玻璃器皿的质量

图 80

带有"JENA"（耶拿）标签的显微镜因其有德国制造的高质量玻璃
镜片而备受欢迎

图 81

在杰西·利特尔顿和贝茜·利特尔顿的推动下，Pyrex 诞生了。贝茜想要一个摔不碎的烹饪盘。她的丈夫是康宁公司研究玻璃的物理学家，他把玻璃盘带回家，让她进行测试

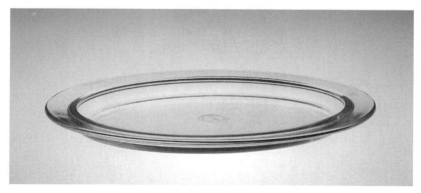

图 82

Pyrex 盘的强度来自其中添加的一些成分，尤其是硼元素

图 83

Pyrex 烧杯能够用于盛放热液体甚至酸，因为它是由一种新型玻璃制成的

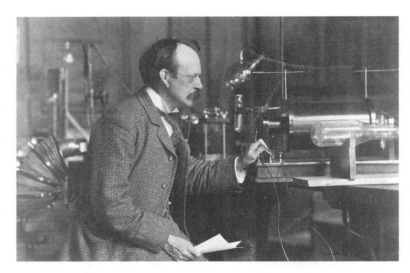

图 84

J. J. 汤姆逊爵士在剑桥大学实验室里仔细看着他的玻璃管

图 85

埃比尼泽·埃弗里特是一名熟练的技工，他将 J. J. 汤姆逊的想法付诸实践

图 86
埃比尼泽·埃弗里特制作的科学实验用玻璃管，帮助 J. J. 汤姆逊观察阴极射线的
运动情况并发现了电子

图 87
菲尼亚斯·盖奇是一位铁路工头，他因填塞杆遭受的不幸事故让神经科学家了
解了大脑的工作机制（注：这张银版照片拍的是盖奇的镜像）

TELEPHONE.
NEW HAVEN OPERA HOUSE.
Friday Eve'g, April 27.
LECTURE BY
Prof. Alexander Graham Bell,
OF BOSTON,

DESCRIBING and illustrating his wonderful instrument, by transmitting vocal and instrumental music from Middletown to both Hartford and New Haven Opera Houses simultaneously, also by conversation between the two audiences by means of the Telephone.

PRICES—Reserved Seats, Parquette, $1 ; Dress Circle 75c.; Admission, 50 and 75c. Sale commences at Box Office Wednesday morning, April 25, at 9 o'clk.

apr23 5d   COR & HOWEY, Managers.

图 88

《纽黑文晚报》宣传1877年的"电话音乐会"

图 89

电话的发明者亚历山大·格雷厄姆·贝尔。他向纽黑文的观众展示了他的发明

图 90

贝尔在纽黑文的舞台上对着像这样的早期电话讲话

图 91

乔治·科伊利用从贝尔那里获得的电话许可，在康涅狄格州纽黑文成立了一家电话交换公司

图 92

科伊的交换机用马车上的螺栓作为电话线的末端,螺栓通过茶壶把手带动的控制杆相连。在这块板背面,来自科伊夫人内衣的细钢圈构成了整个电路

图 93

第一部电话交换机位于纽黑文博德曼大厦的一层,就在前面这条街道靠近街角的地方

LIST OF SUBSCRIBERS.

New Haven District Telephone Company,

OFFICE 219 CHAPEL STREET.

February 21, 1878.

Residences.

Rev. JOHN E. TODD.
J. B. CARRINGTON.
H. B. BIGELOW.
C. W. SCRANTON.
GEORGE W. COY.
G. L. FERRIS.
H. P. FROST.
M. F. TYLER.
I. H. BROMLEY.
GEO. E. THOMPSON.
WALTER LEWIS.

Physicians.

Dr. E. L. R. THOMPSON.
Dr. A. E. WINCHELL.
Dr. C. S. THOMSON, Fair Haven.

Dentists.

Dr. E. S. GAYLORD.
Dr. R. F. BURWELL.

Miscellaneous.

REGISTER PUBLISHING CO.
POLICE OFFICE.
POST OFFICE.
MERCANTILE CLUB.
QUINNIPIAC CLUB.
F. V. McDONALD, Yale News.
SMEDLEY BROS. & CO.
M. F. TYLER, Law Chambers.

Stores, Factories, &c.

O. A. DORMAN.
STONE & CHIDSEY.
NEW HAVEN FLOUR CO. State St.
   "   "   "   " Cong. ave.
   "   "   "   " Grand St.
   "   "   "   Fair Haven.
ENGLISH & MERSICK.
NEW HAVEN FOLDING CHAIR CO.
H. HOOKER & CO.
W. A. ENSIGN & SON.
H. B. BIGELOW & CO.
C. COWLES & CO.
C. S. MERSICK & CO.
SPENCER & MATTHEWS.
PAUL ROESSLER.
E. S. WHEELER & CO.
ROLLING MILL CO.
APOTHECARIES HALL.
E. A. GESSNER.
AMERICAN TEA CO.

Meat & Fish Markets.

W. H. HITCHINGS, City Market.
GEO. E. LUM,   "   "
A. FOOTE & CO.
STRONG, HART & CO.

Hack and Boarding Stables.

CRUTTENDEN & CARTER.
BARKER & RANSOM.

Office open from 6 A. M. to 2 A. M.

After March 1st, this Office will be open all night.

图 94

科伊开业第一周就拥有了21位用户，于是他制作了这本早期电话簿

图 95

阿尔蒙·史端乔是一位殡仪员，他对女
性接线员的强烈不满导致他发明了自动
电话交换机

图 96

早期的电话是都由女性接线员来接通的，她们被称为"hello girl"

图 97
史端乔发明的自动电话交换机，其原理是将大头针呈扇形散布成一个圆圈，中心的机械手指可以触碰到这些大头针，从而接通电话

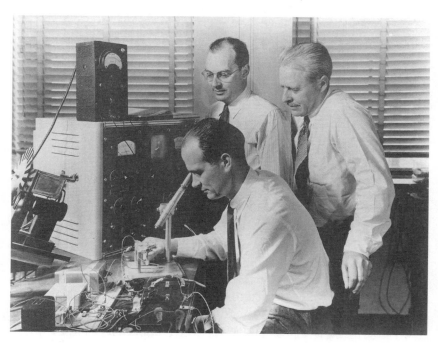

图 98

晶体管的发明者沃尔特·布拉顿（右）和约翰·巴丁（左）站在他们的老板威廉·肖克利身后，后者正坐在显微镜前

图 99

1947年，贝尔实验室的科学家发明了晶体管，使得长途电话信号可以在全国范围内被转接和放大

图 100

贝尔实验室的化学家戈登·蒂尔从小熔池中拉出一块纯净的锗晶体

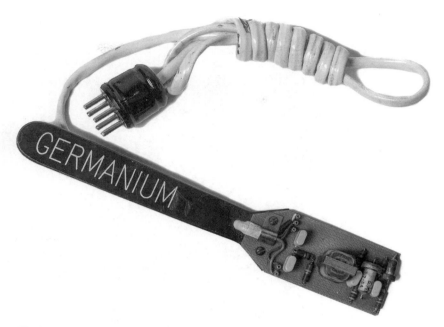

图 101

当戈登·蒂尔将这块电路板浸到热油中时，与之相连的留声机停止了播放，这显示出锗晶体管的缺陷

图 102

当戈登·蒂尔在演讲中宣布硅电子时代已经到来时，他的口袋里就装着像这样的小晶体管

第一章

互动

由小金属弹簧和振动宝石制
成的更好的时钟如何帮助我
们计时，也就如何让我们失
去了一些珍贵的东西。

出售时间的女士

　　门外准时响起了有辨识度的敲门声。那是1908年秋天的一个星期一，和每个星期一一样，一位名叫露丝·贝尔维尔的女士站在伦敦一家钟表店的门口。她穿着一条带宽腰带的深色裙子，衬托出厚实面料之下的苗条身材。及踝的裙摆投下一大片阴影，完全遮住了她的鞋子。她的头发被整齐地拢在帽子下面，手臂上挎着一个朴素但超大的手提包。知道时间的她在门口迫切地等待着。当那扇门终于打开时，店主问候这位每周都会来的客人："早上好，贝尔维尔女士。'阿诺德'今天怎么样？"她答道："早上好！'阿诺德'快了4秒。"她伸手从手提包中拿出一只怀表，把它递给钟表匠。对方用怀表核对了一下店里的主时钟，然后把它还给了露丝。至此，他们的交易就完成了。露丝·贝尔维尔从事着一项不同寻常的生意：利用那块名叫"阿诺德"的怀表出售时间。

　　20世纪早期，全世界的人都很难知道准确的时间。最初的日晷、水钟和后来出现的沙漏，分别利用影子运动、液面降低和沙子填充空间的过程展现了时间的推移。但要了解一天中确切的小时和分钟数，则需要进行天文观测和计算。这些信息都留存在天文台，比如英国格林尼治皇家天文台。为了获得一天中的准确时间，人们必须去像格林尼治这样专业的天文机构。

很多行业都需要知道精确的时间。正如人们预期的那样，火车站、银行和报纸都需要知道时间，但这些并不是全部。酒馆、酒吧和酒肆也需要知道时间，因为在19世纪70年代，英国颁布了严格的法律，禁止在规定的时间之外出售酒类，违者有可能失去营业执照和生计。尽管伦敦所有这些毫不相干的行业都需要天文台提供的确切时间，但从业者很少有机会到几英里①之外的地方去看时间。

露丝·贝尔维尔负责为她的客户提供时间。每个星期，她都会从自己位于伦敦以西30英里的梅登黑德的小别墅出发，花3个小时的时间去一趟格林尼治皇家天文台。她会在9点钟到达那里，按铃后受到门卫的接待，并把怀表"阿诺德"交给走过来的一位值班员。当露丝一边喝茶等待一边和门卫闲聊时，值班员会将她的怀表与天文台的主时钟进行校准，然后把"阿诺德"还给她，同时出具一份写有怀表与天文台主时钟的时间差的证明。露丝带着可靠的怀表和官方文件从山上下来，走到泰晤士河边，乘渡船去她在伦敦的客户那里。

露丝·贝尔维尔向客户出售时间的那个时期，正是整个社会按照时钟生活的习惯全面形成的时期。时钟出现之前的生活则完全不同，我们可以把这种演变比作从孩童成长为大人的过程。婴儿出生后，他们有自己的时钟，也就是吃饭时间、睡眠时间和游戏时间。但随着他们的成长，他们的生活会脱离这些生物信号，因为他们要遵守学校开始上课、课间

---

① 1英里 ≈ 1.61 千米。——编者注

休息和放学的时间表。社会经历了一种类似的变化，从自然信号切换到时钟信号。最初，划定日出、正午和日落三个时间节点的太阳是主要的计时方式。在时钟出现之前，社会上并不存在特定时间范围内的约定。尽管时钟使得我们可以随时见面和互动，但也带来了阿道司·赫胥黎所说的"快的弊端"。在有时钟之前，我们会为某个人的到来等待很长时间。而如今在美国，一旦过了约定的时间，我们就不会额外等待超过20分钟。精确计时改变了社会，并触及生活的方方面面。在计时带来的这些变化中，有一项让我们夜不能寐——按照时钟生活的习惯已经改变了我们的睡眠方式。

不连贯的睡眠

我们祖先的睡眠方式与我们的有很大不同，他们并不是睡得时间更长或者更好，而是选择了一种我们现在不见得能接受的方式。工业革命之前，我们的祖先会在晚上的两个分开的时间段内睡觉。回顾过去，我们会发现他们在晚上大约九十点钟就睡觉了，这一觉会睡3.5个小时。他们会突然在午夜之后醒来，熬大概一个小时的夜。当他们感到疲倦时，会再次回到床上睡3.5个小时。这两个睡眠时段被称为"第一阶段睡眠"和"第二阶段睡眠"，这就是传统的睡眠方式。

和我们今天对睡眠的看法不同，我们的祖先既不会为在半夜醒来而焦虑，也不会担心自己有健康问题。事实上，他们对半夜醒来这件事有着截然相反的态度，那就是乐在其中。他们会利用睡眠的"中场休息时间"来写作、阅读、缝纫、祈祷、撒尿、吃东西、打扫，或者和隔壁邻居聊聊天（对方也有可能半夜醒来）。这些人如果又犯困了，"中场休息时间"就结束了，他们会回到床上开始第二阶段的睡眠。

尽管分段睡眠方式在现代人看来有些奇怪，但它实际上非常古老，至少有超过2 000年的历史。由于记得分段睡眠方式的人极少，所以有关它的最佳证据都存在于早期的书籍中。荷马的《奥德赛》和维吉尔的《埃涅伊德》等古文献中提到了"第一阶段睡眠"。很多经典著作，比如《堂吉诃德》《最后的莫西干人》《简·爱》《战争与和平》和查尔斯·狄更斯的《匹克威克外传》，也提到了"第一阶段睡眠"。此外，在19世纪的超过1 000份报纸上，第一阶段睡眠和第二阶段睡眠的相关报道出现了数百次。

在西方文化中，分段睡眠是日常生活的一部分。然而在20世纪早期，它消失了。工业革命通过一套"组合拳"改变了我们的睡眠规律：第一击很直接，是有形的，即人造光源的发明；第二击则很微妙，是文化层面的，即时钟带来的对准时性的要求。当人造光源出现时，它们驱走了黑暗，让一天变得更长。此外，我们越来越沉迷于时间，总想着要准时，而不要浪费时间。长此以往，这种强制性对人类的睡眠方式产生影响就只是时间问题了。

清教徒在17世纪到达北美洲时，带来了很多东西，其中之一便是他们的时间感和合理利用时间的理念。后来，这些宗教价值观在资本主义的作用下，变成了本杰明·富兰克林的那句名言："时间就是金钱。"抱持着这样的思想，我们在文化上越来越有时间观念，我们的行为与沟通也受其支配。工厂在人类文明中居于核心地位，时钟则赋予它节奏。当钟声响起时，工人们就知道何时开工和停工，以及何时应该加快生产速度。但这种节奏不只存在于工厂内部，家庭生活也开始以工厂为中心。家里的所有活动都要配合这种节奏，比如什么时候起床、什么时候吃饭、什么时候出门、什么时候回家，以及晚上什么时候上床睡觉。

对在现代社会出生和长大的人来说，19世纪的人们对于时间一发而不可收的痴迷或许很难想象，露丝·贝尔维尔的时间分销生意只属于她那个时代。体现人类对时间萌生出热情的一个例子是新词的诞生。比如，在体育方面，我们用"half-time"（中场休息，1867年起被用于足球比赛中）或者其他项目中的"time-out"（暂停，1896年启用）表示比赛暂停。畅销的科幻小说，比如 H. G. 威尔斯的《时间机器》（1895年）让我们对时间旅行兴奋不已。伴随着标准时间的确立（1883年），各个国家构建起一个由利用格林尼治标准时间（1847年确立）的同步时钟组成的全球网络，我们又有了时间线（1876年）、时区（1885年）和时间戳（1888年）的概念。人们开始意识到生命的有限性，并且会用"时间跨度"（1897年）或"时限"（1880年）来描述事物。我们还知道如果某个事物很老旧，就可以说它"过时了"（1831年）。当某个人被送进监狱，我们也可以说他去"doing time"（表示服刑，1865年）。不过通常，我们都生活在一个"timewise"（表示看重时间，1898年），按照时间表（1838年）运转，并且想要"make good time"（表示快速发展，1838年）的社会中。人类社会的时间意识越来越强，生活的各个方面，包括睡眠，都受到了时间的影响。当露丝·贝尔维尔开始从事出售时间这门不同寻常的生意时，她的那些睡眠习惯与现代人大不一样的客户越来越想知道时间。露丝的工作是把她走时准确的怀表出示给那些需要知道时间的人，所以她被称为"格林尼治时间女士"。尽管露丝在利用她的怀表"阿诺德"提供服务，但她并不是"阿诺德"的第一位主人。她的母亲在去世前做过同样的工作，她的父亲则从更早的时候就开始了这项特殊的业务。总的来说，露丝的家族从事提供时间这项工作的历史将近有104年。

　　贝尔维尔家族是无意中进入这个行当的。露丝的父亲约翰·亨利·贝尔维尔和蔼可亲，作为天文台的气象学家和天文学家，他默默地接受了越来越多的工作。为了进行观测，当地的天文学家都迫切地想要知道精确的时间，而苛刻的天文台管理层对于这些人无数次的来访越发不满。为了阻止不速之客来到天文台扰乱科研活动，他们计划把时间告诉那些有需要的人。于是，兢兢业业、举止文雅的约翰·贝尔维尔开始为他的近200位客户提供时间服务。

　　1856年7月13日，约翰·贝尔维尔去世，把怀表留给了他的第三任妻子玛丽亚·伊丽莎白。玛丽亚需要找到养活自己和她的2岁女儿露丝的办法，因为她的丈夫没有留下养老金。她开始向她的100位客户出售时间，直到离开人世。1892年，怀表"阿诺德"传到了当时38岁的露丝手上，由她继续维持家族的这项事业。

　　以其制造者的名字命名的"阿诺德"诞生于1786年，它的正式名称是"约翰·阿诺德485号"。它是一部精度很高的计时器，质量比普通怀表要好。据说，"阿诺德"原本是作为给皇室的礼物而设计的，确切地说是为了献给乔治三世的儿子——萨塞克斯公爵。然而，萨塞克斯公爵认为这块表太大了，他把它比作长柄暖床器，并拒绝了这份礼物。幸运的是，萨塞克斯公爵将它送给了皇家天文台，皇家天文台在提供时间分销服务时，又将"阿诺德"交到了约翰·贝尔维尔手上。"阿诺德"的外壳起初是金色的，不过露丝的父亲约翰·贝尔维尔给它换上了一个银色的外壳，这样就不太可能被小偷盯上了。然而，"阿诺德"的美不在于表面，而在于内部。它的白色珐琅表盘和金色指针后面有一系列同步运转的材料：黄铜齿轮、红宝石轴眼和钢质弹簧。这部制造于18世纪的计时器每秒发出5次咔嗒声，即便在今天它的性能也堪称一流。

怀表"阿诺德"是古老传统的一部分，因为从很久以前开始，判断时间就一直是人类的追求。日晷和水钟给人一种时间正在流逝的感觉，但想要准确地测量时间，我们需要一种可计数的标准模式。据说，伽利略观察到比萨一座大教堂里的灯会有规律地摆动。利用自己的脉搏作为测量工具，他发现那些灯在以一种稳定不变的节奏（固有频率）来回运动。这个简单的现象就是世人一直在等待的测量时间的方法，很快，摆钟和后来出现的像"阿诺德"这样的怀表就开始利用其内部弹簧产生时钟的嘀嗒声。然而，制造像"阿诺德"这样小的怀表并不容易，因为里面的弹簧必须质地均匀才能准确计时。制造钟表是一件非常容易遭受挫折的事情。18世纪，一位英国的钟表匠就对他制造的钟表很不满意，于是做出了一些改进。

本杰明·亨茨曼的钟表

本杰明·亨茨曼被他的钟表弄得很恼火。1704 年出生于英国埃普沃思的亨茨曼，是一位公认的聪明过人、善于创造且技艺精湛的钟表匠。在村子里，不管是锁和时钟，还是工具和烤肉架，所有机械类的东西他都能修好。然而，他尽管技艺高超，却对自己制造的钟表很不满意。它们的计时效果十分糟糕，原因是金属弹簧的质量太差。

时钟内部有一个发出嘀嗒声的小配件。在一些时钟里，它是一个来回摆动的钟摆；而在小的怀表里，它是由一个螺旋形的金属弹簧和一个平衡轮构成的装置。弹簧被盘绕起来，这样它就会像胸腔一样扩张和收缩，发出时钟的嘀嗒声。弹簧伸缩过快的时钟走时会偏快，而弹簧伸缩过慢的时钟走时则会偏慢。精准的时钟需要柔韧性好、完美无瑕、伸缩性稳定的金属弹簧。

遗憾的是，亨茨曼可获得的金属质量都不太稳定，这是因为各种成分没有被均匀地混合。此外，这些金属还含有无用的颗粒。成分混合得不好会导致钟表走时不准，颗粒则会使弹簧断裂，两者都不利于精确计时的实现。

在试图为他的钟表制造出更优弹簧的过程中，亨茨曼把注意力转向了弹簧的原材料，也就是一种被称为渗碳钢的金属。渗碳钢是通过在铁里加碳制成的，炼钢工人先将铁条放入熔炉加热至发红，然后用小块木炭把它们包起来。5天后，铁条中会含有很多从木炭中获得的碳。而且，就像一块腌制不充分的牛排一样，大部分碳都在铁条表面附近。为了进一步混合这些成分，炼钢工人必须把这块金属加热到变软，先用锤子把它砸扁，再将它折叠起来，完成混合。尽管这种方法确实有利于碳的吸收，但它无法去除那些无用的颗粒。所以，亨茨曼只能想别的办法。

一天，在他位于唐卡斯特的钟表店，亨茨曼产生了一个简单但具有革命性的想法：将金属完全熔化。当金属熔化时，各种成分将会混合得更好，碳的分布也会很均匀。此外，那些无用的颗粒比熔体密度小，所以它们会像与水分离的油一样浮在表面，这样亨茨曼就可以把它们除去了。

在几乎不与外界沟通的情况下，暗中进行这项操作的亨茨曼经历了数百次的失败。尽管他的研究记录都在一场大火中被焚毁，但当时得到的制品都被埋在他的钟表店外。在这些不成功的实验中，他的目标一直是混入碳，并清除那些无用的颗粒。经过10年的努力，在1740年前后，亨茨曼终于得到了完美的钢铁。为了纪念自己的成就，他制造了一只钟表。

亨茨曼成功的秘诀在于，他制造了一个盛放熔融金属的容器。这个容器（或者说坩埚）看起来像一个高高的古代花瓶。它是由一种既能经受炽热金属的高温，又能承受重金属重量的陶瓷制成的。为了制作坩埚，亨茨曼先把从荷兰进口的陶器碾碎，然后加入石墨和英国的一种特殊的斯陶尔布里奇黏土。接下来，亨茨曼往混合物中加水，他手下一位可靠的工匠则赤脚在混合物上踩踏8~10个小时。赤脚踩踏的方法既能挤出气泡，又能发现黏土中的卵石，而气泡和卵石都会导致坩埚破裂和钢水漏出。

黏土经过揉踩和塑形后被制成容器，晾干后放进窑中烧制。有了陶瓷坩埚，就可以开始炼钢了。

在他位于谢菲尔德市（一个钢铁产业中心）附近的新工厂里，亨茨曼进一步完善了自己的炼钢方法。他的工匠将小块的渗碳钢放入坩埚，然后把坩埚放置在熔炉中。5个小时后工匠取出坩埚，将其中的钢水倒入模具，同时必须确保漂浮的那层无用的物质不会落入模具。这样一来，最后留在模具中的金属就是坩埚钢。它是一种质地均匀的金属，可以被加工成可稳定伸缩的优质钟表弹簧。本杰明·亨茨曼的创意造就了更好的钟表，它们可以被装进口袋里、挂在墙上，或者像露丝·贝尔维尔的"阿诺德"那样被带到伦敦的每个角落，为人们提供时间服务。

从皇家天文台获得精确的时间之后，露丝·贝尔维尔带着"阿诺德"前往伦敦码头，然后在整个城市中穿梭，与各个社会阶层的人打交道。她从东边出发，先为充斥着罪恶和异味的码头提供时间服务。之后，她会去到西区上流人士云集的牛津街、摄政街和邦德街，造访时尚服装店和高级珠宝店（包括为皇室服务的珠宝店）。接下来，她会往北去到贝克街及其附近的工厂和商业大厦。之后，她会往南去为郊外的那些个人客户提供时间服务。随后，她要为两位百万富翁提供时间服务，他们认为坐在家中就能知道格林尼治标准时间是一种地位的象征。在走到伦敦市中心的时候，她还要告知银行时间。最后，漫长的一天结束了，她回到位于梅登黑德的家中。7天后，她要把这个过程再来一遍。

露丝把"阿诺德"装在她的手提包里，在布满煤尘和马粪的鹅卵石路上走啊走。手头宽裕的时候，她会乘坐公共交通工具，包括电车、地铁和火车。城市生活又苦又脏，还非常不稳定。空气中充斥着烟雾。她在为客户提供时间服务时，总会听到小贩刺耳的叫卖声、马走过的咔嗒声和偶尔经过的汽车发出的隆隆声。为了维持生计，露丝在城市中一走就是好几英里。在她出售时间的那个时代，妇女还没有投票权。在人们眼中，穿行在由男性主宰的世界中的露丝总是精力充沛、坚强果敢，而且平易近人。露丝和"阿诺德"共同构成了伦敦人生活中值得信赖的固定伙伴。

在贝尔维尔的职业生涯即将结束之时，美国出现了另一台逐渐引起人们关注的时钟。露丝总是独自行动，为了获得精确的时间，她需要爬上市郊陡峭的山坡。在她的职业生涯快要结束时，成群的纽约人涌向了市中心，他们同样是为了获得精确的时间。

1939年，在曼哈顿区富尔顿街的拐角处，百老汇大道195号，一件装饰艺术品被摆放在AT&T公司（美国电话电报公司）总部的橱窗中。这是一台钟表，但又不是普通的钟表，它被誉为世界上最精确的公共时钟。

每天，尤其是在从正午到下午2点这段时间，数百位行人都会像朝圣一样走到橱窗前，停下脚步。他们把手指放在各自的表柄上，等待着钟表的秒针走到最高点，这样他们就能精确地校准钟表上的时间了。这些想要获得准确时间的人并不知道，正是一位鲜为人知的科学家的发明取代了本杰明·亨茨曼的弹簧，才使这台钟表的出现成为可能。从近3英尺^①宽的钟面背后传来的嘀嗒声是由性能特殊的石英发出的，而驯服这种宝石的人是沃伦·马里森。

振荡的宝石

沃伦·马里森是一个聪明文静的加拿大男孩，在20世纪10年代，他似乎与周围的环境和那个时代都格格不入，不过他会用一生的时间来修正这一点。1896年，他出生在加拿大安大略省因弗拉里。他人生的第一项重大成就是逃离他父亲的养蜂场，因为小马里森拥有比成为养蜂人更远大的抱负。在这个落后的小镇上，沃伦梦想着能通上电，并且为了去美国实现自己对未来的愿景而在学校努力学习。他会如愿以偿的。

1921年，沃伦和新婚的妻子搬到纽约市，开始了他在美国西电公司工程部（后来改名为贝尔实验室）的职业生涯。在马里森入职几年后，美国电话电报公司从西电公司手中买下了贝尔实验室。实验室大楼位于西大街463号，也就是贝休恩街的拐角处，这座屹立至今的建筑物共有

① 1英尺＝30.48厘米。——编者注

13层。在马里森入职10年后，如今作为高线①留存物的高架铁路从第3层贯穿了整座建筑，使大楼处于周期性震颤中。尽管贝尔实验室大楼不算一座美观的混凝土摩天大楼，但幸运的是，在其内部想象力得到了蓬勃发展。

在实验室大楼内部，像马里森这样西装革履的科学家"工蜂"一直在热火朝天地工作。硬枫木地板、光秃秃的墙和无数的窗户提供了充足的光照，节省了使用电灯产生的费用。沃伦·马里森在7楼办公，他实验室的工作台上堆满了露出电线和电子元器件的专用工具及科学仪器。尽管实验室要求科学家每周工作5.5天，但研究工作从来都没有明确的起止时间。

20世纪20年代末，由于家庭成员的增加，马里森一家搬到了新泽西州的枫林镇。马里森会把蜂蜜加到茶里，然后给两个女儿讲他年轻时在农场看到的嗡嗡叫的蜜蜂。马里森很爱笑，尽管他的身高只有5英尺10英寸②，但他的嗓音非常洪亮。当他在图书馆里给最小的女儿讲解科学知识时，常会因为意识不到自己的声音有多大而让女儿觉得尴尬。他对于科学的兴趣就像他的嗓音一样难以控制。

在贝尔实验室，马里森的研究项目总是涉及很多不同的发明创造。他研究过如何为电影加入声音；他找到了通过电波传送活动影像的方法，从而发明了电视。不管是白天还是黑夜，他都不断地在自己的实验记录本上写下关于让电信号与机械零件"对话"的想法，其中还包括复杂的

---

① 高线：1930年修建的一条连接肉类加工区和哈德逊港口的铁路货运专用线，于1980年停运，后被建成独具特色的空中花园绿道。——译者注

② 1英寸 = 2.54厘米。——编者注

电路图。很快，马里森就迷上了用石英制造时钟。

贝尔实验室拥有最早的无线电台之一——WEAF，马里森的制造石英晶体钟的想法实际上就来自无线电。电台都有特定的播出频率，收音机调谐面板上的数字表示的正是频率。然而，对电台而言，他们很难知道自己是不是在以正确的频率播出，这在避免和临近电台发生干扰的过程中是一个必不可少的环节。马里森1924年的研究项目就是制造一台能产生精确稳定的信号用作标准频率的机器。他找来一大块石英，从上面锯下一小片，然后把它安装在电子器件内。石英是一种外表平凡却暗藏玄机的矿物质，它在接入电路时会发生振荡，并给出某种特定速率的节奏，这就是电台的标准频率。对那些迷失在无线电波海洋中的信号来说，马里森的频率发生器就像它们的北极星一样。

在成功解决无线电标准频率的问题之后，马里森产生了另一个想法。他不再利用振荡的晶体发出精确的无线电信号，而是使晶体在一秒钟内产生已知次数的振荡，然后通过计算振荡次数来标记时间。这样一来，振荡次数就变成了时间的标尺。带着这样的想法，马里森设法让天然的石英跳动起来。通过将晶体塑造成环状，他能让石英像鼓面一样上下振动。他的石英每秒振动10万次，为了计时，这些振动会被逐一计数。石英之所以能做到这一点，是因为它鲜为人知的奥秘，那就是它通电后会振荡的特性源于一种奇特的现象——压电。

1880年，皮埃尔·居里和雅克·居里在巴黎发现了压电现象。他们俩在20岁出头的时候，就渴望在人才济济的矿物学领域中一举成名。那时候，许多科学家都从土地中挖掘宝石，然后研究它们的颜色、透明度和刻面，并据此对它们进行分类。而居里兄弟想要更进一步，看看这些宝石在不同的条件下会有怎样的表现。皮埃尔一直对几何形状——尤其是矿物中几何形状的对称性——很感兴趣。石英不具备其他宝石的那种简单对称性，也就是钻石或食盐晶体的对称性。石英一侧的刻面与另一侧对应位置的刻面并不完全相同。这意味着它内部的原子不呈镜像排列，而且通常因为镜像排列而被抵消的物理性质此时也会显现出来。有了这样的认识，居里兄弟做了一件大多数矿物学家都不会做的事情：他们用力挤压一块石英，想看看会发生什么。在将台钳的把手转了几圈之后，钳口夹得很紧，这时皮埃尔和雅克发现了一件奇怪的事情：受挤压的晶体竟然产生了微弱的电流。居里兄弟由此发现了石英具有压电性。

几十年后，马里森也选择了奇特的石英，他将其制成环状的小片，然后通上交流电。这使得石英像果冻那样稳定地振荡，只要记下它起伏的次数，就可以计时了。然而，正如果冻会按照自己的节奏跳动一样，让石英实现稳定精确的振荡并不是一件容易的事。

1927年，马里森不得不了解石英的全部特性。他的努力为下一阶段的研究——产生能诱导石英稳定振荡的电信号——做好了准备。尽管马里森每时每刻都被各种振动环绕，比如高架铁路的隆隆声、年轻时那些嗡嗡叫的蜜蜂和他自己洪亮的嗓音，但他利用石英的振动做了另外一件事，那就是计时。1927年年底，马里森终于制成了石英钟，这台时钟采用了一个厚1英寸、直径几英寸的石英环。它非常成功，纽约人只要拨打"ME7–1212"这个电话就可以知道精确的时间。10多年后，想知道时间的行人会去曼哈顿区富尔顿街拐角处的橱窗前，他们紧挨着彼此站着，却很少交流。

当纽约人纷纷涌向马里森制造的时钟时，分段睡眠的概念成了遥远的记忆，从由自然和生物信号获得的时间到时钟时间的转换已经完成。

在生活由时钟支配之前，分段睡眠是全世界的人们都在践行的生活方式。尽管各种文明的睡眠方式不尽相同，但都选择了分段睡眠。分段睡眠似乎无处不在，于是问题来了："这是自然的睡眠方式吗？"《众人昏睡》（*The Slumbering Masses*）这本书的作者、人类学家马修·沃尔夫-迈耶认为，人类"似乎是唯一在整合睡眠的物种"。研究人员发现，尽管工业化文明中的人在按照时钟生活，但也可以恢复分段睡眠的习惯。在一项研究中，美国国立卫生研究院（NIH）的精神病专家托马斯·韦尔让7名男性每天有14个小时处在黑暗之中，如此持续一个月。到实验结束的时候，实验对象每睡4个小时就会醒来，并且处于很放松的状态。多位研究人员和历史学家一致认为，现代人的一些睡眠障碍，尤其是半夜醒来和之后难再入睡，都是回归以前的分段睡眠习惯的表现。《一日将近》（*At Day's Close*）的作者、弗吉尼亚理工学院历史教授A.罗杰·埃克奇说，这或许是"那种古老的睡眠模式残存的强大影响"。显然，自然时间与时钟时间之间的斗争依然存在于人类的睡眠当中，我们体内的睡眠时钟和我们遵守的机械时钟并不一致。

我们应该比我们的祖先睡得更好。然而，有5 000万~7 000万美国人患有睡眠障碍或受到睡眠剥夺的困扰。在有睡眠问题的美国人中，有将近1/8的人在服用处方安眠药；而在被诊断为有睡眠障碍的人群中，这个比例是1/6。尽管美国国家睡眠基金会恳求大家至少保证7个小时的连续睡眠，但大多数美国人只能睡6个小时左右。睡眠不好的原因并不是床。历史学家A.罗杰·埃克奇指出："我们的睡眠条件是有史以来最好的。"睡眠不好似乎是我们无法摆脱时钟而付出的代价。

睡眠是一种生理需要，早在1983年科学家就阐明了这个事实。研究员艾伦·雷奇沙芬及其同事在实验室实验中，利用大鼠证明了睡眠剥夺的影响。在这项研究中，不能睡觉的大鼠出现了一系列健康问题，包括虚弱、平衡能力差、体重减轻和器官异常等。在14~21天内，很多大鼠都死了。对人类来说，睡眠不足与大脑功能丧失、肥胖和心理问题都有关系。

睡眠也具有一定的文化属性。在某些国家，打盹、午睡、午休和在公共区域小睡都是社会结构的一部分。相比之下，美国人尽管疲惫，但不愿意花时间小睡，这归因于他们的清教传统。尽管爱迪生、丘吉尔和爱因斯坦都有打盹的习惯，但昏昏欲睡的职场人士还是选择了咖啡因。很明显，睡觉是一种有意识的选择，它需要我们对人与时间的关系有更好的理解。

长期以来，我们的目标都是制造更好的时钟，但与此同时，我们失去了睡眠。人类睡眠困境的核心是文化当中的时间观：时钟是一条准绳。正因为整个社会世世代代都在努力制造越来越好的时钟，我们才能协调大家在一天当中的互动。然而，在追求更好的时钟的过程中，我们却忘记了审视时间本身。审视时间的研究工作大约开始于露丝·贝尔维尔提供时间服务的那个时期，在欧洲的另一个地方，她出售的产品——时间，正被放置在显微镜下。

爱因斯坦和爵士音乐家

办公室工作和日常事务往往对时间的统一性有很高的需求。此外，知道精确的时间对于当时规模最大的行业——铁路来说变得非常重要。有了同步时钟，机车就可以准点运行，这意味着事故将会越来越少，而安全抵达目的地的乘客将会越来越多。

1905 年，瑞士伯尔尼专利局收到了很多与同步时钟的方法（尤其是针对铁路）有关的申请。为了实现时钟的同步，热切的发明家都在努力解决将两个相距甚远的计时器调至相同时间的问题。他们的答案将决定旅客的生死，也将决定发明者是寂寂无闻还是家财万贯。为了确保收到的设计方案都有可能成功，一位默默无闻的 26 岁专利审查员扮演了"门卫"的角色，负责审查这些发明是否独一无二，方案是否最为巧妙，以及在实践中是否可行。这位专利审查员付出的这些努力原本很可能被淹没在历史的长河中，但他的名字叫作阿尔伯特·爱因斯坦。

爱因斯坦是一个聪明老成的年轻人，从不盲从权威或墨守成规。他更喜欢独自研究，所以成绩并不是很好。在获得数学教育的文凭之后，尽管年轻的阿尔伯特很想找一份大学老师的工作，但专利局的职位已经是他能获得的最好机会了。对那些身处学术象牙塔中的人来说，专利局里都是学术思想怪异的人。爱因斯坦在他的同龄人当中非常不起眼。

然而，爱因斯坦在专利局从事的这份不重要的工作对历史而言是一份礼物，因为它给了他思考的空间，为他营造了发挥批判性思维的场所，也激发了爱因斯坦的天赋。白天，他致力于解决现实问题；而到了晚上，他在家研究自己的理论。这两项迥然不同的活动相互促进，磨炼了他简单地看待事物的本领。

铁路一直是推动世界计时技术发展的首要因素，1905 年爱因斯坦研究这个问题的时候，铁路已经完成了将世界从自然时间转换到时钟时间的最后一步。在美国，这个特别的时刻出现在 1883 年 11 月 18 日，当天有两个正午：在纽约市华尔街附近的圣保罗教堂，钟先响了 12 声，大约 4 分钟之后，那里的钟又响了 12 声。自此，美国有了标准时间和时区，而且这个国家的时间与英国的格林尼治标准时间联系在了一起。钟声标志着地方时的消亡，以及面向所有互动的通用时间网格的诞生。

在有标准时间之前，美国的不同地区都是有各自的专属时区的独立区域，很多城市都有根据正午太阳的位置确定的地方时。游客会发现，密歇根州有27个时区，印第安纳州有23个，威斯康星州有39个，伊利诺伊州有27个。有些火车站的墙上挂着好几个时钟。为了加强统一和减少混乱，美国铁路部门采用了基于英国格林尼治时间的标准时间。8 000个火车站，连同近600条独立的铁路线路及其53份时刻表，都被纳入了一个四时区的系统中。然而，和瑞士伯尔尼的情况一样，这个铁路系统也遇到了让爱因斯坦在专利局里忙得不可开交的问题，那就是确定火车上的时间，并使其与站台的时钟保持同步。

专利局收到了发明家提出的众多解决方案，其中不少都建议用电信号或无线电信号来发送时间信息。对于值得被授予专利的想法，爱因斯坦认为它们需要满足一个特定的标准：能实现信号在时钟间的交换，方程式中必须包含信号从一个时钟到另一个时钟所需的时间。同步两个静止时钟的原始方法是发射信号弹，但为了使这个方案切实有效，信号弹到达一定高度所需的时间必须被包含在内。同样地，虽然利用电信号来发送时间信息的方法更先进，但也要计算电子运动的时间。这样才称得上是同步时钟的完美方案，从而获得专利。

不过，问题出现了。在爱因斯坦看来，如果其中一个时钟在运动，而且时间信号是通过光来传递的，时钟同步的问题就会变得更加复杂。爱因斯坦对这些方案的审查不仅展现出时间同步研究中存在的巨大漏洞，也表明我们对时间本身的看法有很大的问题。而他的发现将彻底颠覆我们对物理世界的理解。

在专利局，对于如何使站台的时钟与火车上的时钟同步，爱因斯坦将其提炼成一个简单的问题：火车上两次嘀嗒声之间的时间间隔和站台上的人经历的时间变化是一样的吗？ 1913年，爱因斯坦简单描述了他构思的一个利用光来发送时间信息的时钟系统。他发现，如果光信号从一列运行中的火车车厢发出，并且经火车天花板上的镜子向下反射，那么这列火车上的人与站台上的人看到的信号是不同的。他们的观察结果就好比正在运球的篮球运动员看到的篮球和看台上的球迷看到的篮球。当一位篮球运动员在场上运球时，他会看到球在垂直地上下弹跳；火车上的人也一样，他会看到光信号在垂直地上下运动。然而，坐在看台上的球迷会看到篮球在沿斜线上下运动；站台上的人会看到火车上的光信号在沿类似的路径运动，即以一定的角度上升，然后以另一角度下降。

倾斜路径比垂直路径更长，这是让爱因斯坦感到困惑的地方。光速永远不变，但一条路径比另一条路径长。因此，为了使火车上和站台上的时间单位一致，必须做出一些改变。为了解释这种差异，爱因斯坦认为运动的时钟比静止的时钟走得慢，时间并不是固定的，它会延缓。

但是，一代又一代像艾萨克·牛顿爵士这样的科学家坚信，时间是永恒不变的。牛顿属于绝对论学派，爱因斯坦则属于相对论学派。根据爱因斯坦的狭义相对论，我们宝贵的时间单位在不同的场合中是不一样的，1秒钟的长度取决于观察者的运动速度。

不管在文化还是生活中，人类都更喜欢确定性。然而，爱因斯坦揭示了不同人的1秒之间是有差异的。对一个正在运动的人和一个站立不动的人来说，两次嘀嗒声之间的时间间隔并不完全相同。时间是有弹性的，这个对社会来说如此宝贵的东西并不是我们想象的那样。我们世世代代都在努力制造更好的时钟——从太阳下的影子、摆钟到利用螺旋弹簧、振荡的宝石再到在原子钟里振动的原子，最终却发现我们想要测量的对象竟然像一根橡皮筋。

爱因斯坦用物理学改变了我们对时间的理解。短短几年之后，也就是20世纪20年代，路易斯·阿姆斯特朗又用音乐改变了我们的时间体验。在很多人眼中，阿姆斯特朗是一位笑容灿烂、手帕不离身的爵士小号演奏家，演唱过《你好，多莉》(*Hello Dolly*)和《多么美妙的世界》(*What a Wonderful World*)。然而，阿姆斯特朗不但是在种族隔离时期靠自己的天赋闯出一片天地的正能量人物，还是一位时间旅行者，他所借助的工具就是爵士乐。

阿姆斯特朗没有任何显赫的背景。他出生于新奥尔良市最贫穷落后的居住区，爷爷是一名奴隶。他的传记中提到，他"小小的世界被限制在学校、教堂、低级酒吧和监狱这4个地方"。不过，他在克服生活中种种障碍的同时，也克服了乐谱的限制。对阿姆斯特朗来说，八分音符没必要在每次出现时都占据相同的权重或者时长，他在演奏过程中会将乐谱上的音符拖长、缩短、提前或者推后几百毫秒。通过延长、挤压和变换音符，他赋予音乐以内涵、情感和一种向前的动力。

阿姆斯特朗的做法偏离了西方音乐的传统演奏方式。西方音乐非常讲求准确性，行进乐队要求演奏者做到分毫不差。约翰·菲利普·苏萨和艾萨克·牛顿爵士同样喜欢精确，阿姆斯特朗则像爱因斯坦一样，在不精确中发现了美。他不会严格按照乐谱所写去演奏八分音符，而是会做出一点儿改变，具体的处理方式取决于他的"即兴发挥"。

西方音乐与爵士乐对待时间的态度不同，这与它们的文化起源不同有关。在西方音乐中，音符是通向宏大结尾的一个连续进程。西方音乐关注的是未来，而爵士乐关注的是当下。爵士乐是一种融合了欧洲、加勒比海地区、非洲西班牙属地和非洲元素的美国黑人音乐。非洲传统包含一种不同的时间观念，主张尽情地享受和扩展当下。事实上，好几种非洲语言都只有表示"过去"和"现在"的词汇，而没有表示"未来"的词汇。正是这样的理念让阿姆斯特朗充分利用每一个音符，来延长当下的时间。

非洲人对待时间的态度被带到了美洲大陆，并植根于美国黑人的奋斗史。在小说《看不见的人》中，作者拉尔夫·埃利森精准地捕捉到黑人的这种感性，写出了黑人的奋斗历程与时代脉搏的不同步性。欣赏过阿姆斯特朗作品的人也能听出并感受到其音符中表达的类似情感。在阿姆斯特朗的 *Two Deuces*（1928年）中，他跟随着主节奏，却频繁落后于节拍。被延迟和压缩的音符在阿姆斯特朗和他的乐队间创造出一定的空隙，为了赶上那些音符，阿姆斯特朗又会猛然加速。

阿姆斯特朗拉长的不仅是音符，还有听众对时间的感觉。尽管一张78转唱片上的每首歌曲都只有短短的3分钟，但它们包含了大量信息，以至于我们的大脑认为这些歌曲比煮方便面的用时长。阿姆斯特朗的听众在他或快或慢的演奏中，失去了对时钟时间的把控，感受到时间在变快或者变慢。爱因斯坦告诉我们，时间对观察者来说具有相对性；阿姆斯特朗则让时间对听众而言具有了相对性。诗人、评论家和音乐学家一直在探究阿姆斯特朗改变人们的时间体验的方式，尽管这些研究还处于起步阶段，但阿姆斯特朗变换时间的能力或许能从科学中找到一些依据。

计时的习惯一直存在于人类社会当中，这引出了一个问题："计时对我们的大脑有影响吗？"简短的回答是："有，但我们不知道。"我们不知道在计时制度得以巩固而分段睡眠方式消失的19世纪,人脑究竟发生了怎样的变化。大脑时间响应的相关研究基本上是到21世纪才出现的,不过我们已经知道,大脑会从环境中获取与时间有关的信号。

大卫·伊格曼等神经科学家通过研究检验了大脑的生物钟。在第一项实验中,研究对象观看了一部影片,片中飞驰的猎豹像《黑客帝国》中的崔妮蒂一样腾空而起。在播放过程中,当猎豹的4条腿全部腾空的时候,画面中会出现一个闪烁时长固定的红点。第二项实验做了一点儿改动,那就是慢速播放同一部影片,但那个讨厌的红点闪烁的时长和常速播放的时候完全一样。在对比两次测试时,观影者都认为慢速播放的影片中红点出现的时长较短。伊格曼曾说:"你的大脑会说:'我需要重新调整我的时间感。'"我们的大脑是根据我们对物理定律的认识来判断时间的,而我们的时间知觉会受到大脑用来测量时间的各种事件(比如,野猫的爪子触地或者一个八分音符的持续时间)的影响。

从个人层面上讲,我们一直注意到时间具有弹性。美好的时光总是很短暂,糟糕的时光却似乎看不到终点。神经科学家已经证明,从某些方面来说这并非凭空虚构。我们记忆的长度与某件事的好坏程度有关。神经科学家还发现,尽管我们当时不会觉得时间在变慢,但对这件事的记忆会让我们认为时间变慢了。为了解释大脑中究竟发生了什么,我们不妨把大脑想象成一台会把信息储存在硬盘上的计算机。当生活很无聊的时候,硬盘会储存常规数量的信息。而当我们受到惊吓,比如说经历了一场车祸时,大脑中的杏仁核(我们体内的应激反应区)就会开始发挥作用。大脑会收集更微小的细节,比如引擎盖凸起、后视镜折断和对方车司机脸上表情的变化。这样一来,细节的数量会增多,就好像有两个硬盘在储存数据一样。"此时,你在往一个两级而非一级的记忆系统中储存记忆。"伊格曼说。

在更多信息被储存的情况下，当大脑回想起这件事时，就会把大量的信息解读为一个持续时间更长的事件。于是，记忆的形状成了大脑中的时间标尺。

科学研究表明，一段记忆的长短和我们的时间知觉就像自行车链条的轮齿一样连接在一起。丰富而新奇的经历，比如我们年少时的夏日时光，包含很多新信息。在那些炎热的日子里，我们学习如何游泳，去新的地方旅行，或者学会骑自行车。这些不寻常的经历会让我们感觉时间过得很慢。然而，我们成年后的生活则缺乏新奇感和新鲜感，并且充斥着像通勤、发送电子邮件和做文书工作这样的重复任务。大脑中与这些事情相关的信息量很小，回忆时可供利用的片段也就很少。大脑会认为这些无聊的日子变短了，我们也会感觉夏天似乎很快就过完了。

尽管我们想要更好的时钟，但我们的时间标尺并不是固定的。我们会根据自己的经历计时，而不是像时钟那样按秒计时。对我们来说，时间可以慢条斯理，也可以转瞬即逝。

长久以来，人类对时间的痴迷程度不断加剧。时间帮助我们了解世界、达成约定和相互沟通。在提高计时器精度的过程中，我们抛弃了像日出日落这样的自然信号，失去了睡眠，期望能极其精确地掌控时间。然而，时间是不可能被掌控的。爱因斯坦告诉我们，时间是有弹性的，它取决于你询问时间的对象。阿姆斯特朗证明了我们的大脑是有缺陷的时钟，会根据外在信号加速或减速。不过，爱因斯坦和阿姆斯特朗分别通过科学和爵士乐证明：我们对时间的认知是什么样子，我们就是什么样子。

在近半个世纪的时间里，露丝·贝尔维尔坚持为伦敦的客户提供时间服务。她的工作在人们——尤其是那些想要用电报时钟服务抢走她的客户的商人——看来是很落后的。但使用老旧技术的怀表"阿诺德"的精度达到了0.1秒，而电子脉冲的精度只能达到1秒。露丝还为客户带去了一些电报的金属电缆无法传递的东西。为了回报每年4英镑的费用和偶尔一杯茶的款待，她会为客户带去些许关怀，并跟他们分享她沿途听到的笑话和新闻。即便如此，利用电报和无线电技术的时间服务也还是致使她的业务慢慢萎缩，在她母亲的100位客户和她父亲的200位客户中，只剩下了大约50位。

在为伦敦人提供了几十年的时间服务后，露丝退休了。1943年，露丝·贝尔维尔这位"格林尼治时间女士"因从低火运行的煤气灯中泄露的一氧化碳而窒息，在睡眠中意外死亡。作为她信赖的伙伴，她床头柜上的"阿诺德"在几天后也停止了运转。她的去世标志着持续了整个世纪的时间分销服务的结束，尽管露丝和"阿诺德"一起为人们提供了时间，她自己却没有获得太多的时间。

第二章

连接

钢铁如何通过铁轨使城市成
为一个整体，又如何促进了
文化的形成？

林肯的葬礼与国家的连接器

1865年4月21日清晨，巴尔的摩市中心的街道上挤满了人。当阳光冲破细雨的时候，卡姆登街火车站附近密集的人群已经使得道路无法通行。工厂停工，学校关闭，商店空无一人。人们一边哭泣，一边急切地等待着一列火车的到来。

这列备受期待的火车缓缓驶入站台，上面载着亚伯拉罕·林肯总统的遗体。4月15日，也就是美国内战结束几天后，他去世了。此刻，在这列被称为"林肯特别号"的火车里面，已故总统还穿着他6周前在第二次就职典礼上穿过的那套西装。

悲痛欲绝的百姓恳求将林肯的葬礼扩大到华盛顿以外的地方。在那个没有电视和广播的年代，民众若想参加总统悼念仪式，就只能离开他们的农场或者关闭店面，然后前往林肯出殡前供公众瞻仰的地方。林肯的送葬列车把他带到了人们身边，让国民一起为他哀悼，而这是不管电报还是报纸都无法实现的效果。在13天的行程中，列车从华盛顿出发，先后在巴尔的摩、哈里斯堡、费城、纽约、奥尔巴尼、水牛城、克利夫兰、哥伦布、印第安纳波利斯和芝加哥短暂停留，之后到达最终目的地也是林肯的安葬地——伊利诺伊州的斯普林菲尔德。

在美国历史上，1865年4月是最动荡的时期之一。4月9日，内战结束和尤利西斯·S.格兰特攻克里士满的好消息令举国欢腾。教堂鸣钟，烟花绽放，狂欢者喝彩。然而，不到一周，这些庆祝活动就因林肯遇刺的噩耗而陷入沉寂。

协调林肯遗体运送事宜的任务落在了战争部长埃德温·斯坦顿的肩上。尽管他的性情与林肯相反，但他忠诚地守在林肯的临终病榻前，并接受了举办这个国家有史以来最大规模葬礼的挑战。为了完成这项任务，斯坦顿将铁路划入军事领域，这样运营专用线路的铁路公司就必须全力配合。

将15家铁路公司组织在一起是一项很艰巨的任务。因此，斯坦顿成立了一个筹备委员会，并授予其保证此次送葬活动顺利进行的所有权力：筹备委员会的成员"有权与各铁路公司商议时刻表，同时应对和管理涉及安全合理运送的一切事项"。尽管铁路是国家的循环系统，但这个国家的各个区域还处于各自为政的状态。安排列车时刻表需要考虑各市和各州分处不同的时区，那时的时区比现在更多，也更缺乏系统性。在1883年启用标准时间之前，美国大多数城镇都是根据正午来判断时间的。为了精确计时，每向东移动12英里，时钟就要拨快1分钟。当华盛顿特区是正午的时候，纽约是12时12分，芝加哥是11时17分，费城则是12时07分。美国就这样被战争和地方时分割成不统一的区域，而这列特殊的火车将短暂地把它们连接在一起。

安放林肯灵柩的车厢非常华丽。车厢两侧涂上了浓重的棕红色，在用防护油和擦光石进行精心的手工抛光后发出了闪亮的光泽。车厢内壁铺满了绿色的长毛绒和黑胡桃木的装饰线条。淡绿色的丝绸窗帘像瀑布一样悬挂在蚀刻玻璃窗上，车内的3盏油灯到了晚上就会像灯塔一样照亮车厢。这节特殊的车厢共有16个（而不是8个）轮子，可以和欧洲王室成员的专列相媲美；它的内部有3个肃穆庄严的隔间，林肯的灵柩被安放在最后一个隔间中。作为总统专列，这列火车原本要被设计成林肯的"空军一号"。但此时它成了林肯的灵车，在黑旗的装点下开始了它的首航。

在沿途的每个站点，火车停下后，大批穿着罗宾鸟蛋蓝色制服的仪仗兵正式列队，将林肯的遗体抬到瞻仰区。很多人已经等候了几个小时，还有人是从窗户、屋顶或者树上观看仪式的。在礼堂里，成千上万的哀悼者（有时里里外外围了12层）站在那里哭泣，只想最后瞻仰一下林肯的遗容。对很多人来说，这是他们第一次见到林肯，因为那时候报纸上很少刊登照片。

随着林肯越来越接近他的安息地，国民的哀悼情绪也越发浓烈。在一些小站，哀悼者的人数超过了整个镇的人口，很多无法前往城市的人转而来到火车的轨道旁。

火车头前面挂着林肯的画像，列车以每小时20英里的速度小心行驶着，在通过车站时会减速到每小时5英里。列车共有9节车厢，除了6节旅客和行李车厢以外，其余3节分别是卫兵专用车厢、运送遗体的特殊车厢和家人及仪仗队专用车厢。

一辆比送葬列车快10分钟的先导列车发出低沉的钟声，宣告林肯灵车的到来。为了让钟声更加柔和，有人用一块皮垫把钟锤的一部分包裹起来。当那些等候在铁轨旁的人听到清晰而有节奏的钟声和回音时，就知道该做准备了。在那个没有电灯的时代，人们晚上会在铁路沿线点起火堆用于照明。

　　民众不分昼夜地等候在铁轨旁，气氛庄严肃静。一看到火车，他们就后退一点儿，有人挥动小旗，有人默默站立，还有人唱起圣歌。15分钟后，另一列火车也来了。当这列火车经过后，人群会走上铁轨，目送着火车消失在远方。整个悼念活动结束了。

　　在被安葬到安息地之前，林肯的遗体沿着超过600英里长的铁轨穿越了整个国家。数百万人参加了这场特殊的葬礼。几乎每一个美国人都认识出席过悼念活动、观看过送葬仪式或者看到火车经过的人。在那段悲伤而黑暗的日子里，铁轨让这个国家成为一个整体。但很快这些铁轨就变成了钢轨，而且普及率越来越高，原因就在于大规模炼钢的秘密被揭开了。

　　钢铁是一种很容易被发现的金属合金，它可以成为国家的重要连接器（在某种程度上有点儿像亚伯拉罕·林肯，只不过是以材料的形式存在的）。但要使钢铁成为整个国家的桥梁和纽带，就必须找到大规模快速炼钢的方法。英国的一位发明家进行了这方面的尝试，那时的他无法预测自己的创造会产生怎样的影响。

贝塞麦的"火山"

　　亨利·贝塞麦一直梦想着炼钢，渴望制造出无限量的钢铁。1855年，尽管他还不太清楚钢铁的相关知识和炼钢的方法，但这并未（也从来没有）让他停下尝试的脚步。

　　贝塞麦是一位多产的英国发明家，拥有超过100项专利，其中最有名的成果是一种不含黄金的金色涂料。19世纪40年代，金属涂料在英国是一种必备品，人们用来给普通材质的边框镀金，使它们变得华丽。贝塞麦在购买这种涂料作为礼物送给他妹妹的时候，惊讶地发现它的价格竟然和劳工的日工资相当。于是，他想出了将纯铜加工成像黄金一样闪闪发光的粉末，从而大幅削减成本的方法。他把这种粉末加到涂料当中，制成了一种所有人都买得起的平价替代品。由于销量很好，他变得非常富有。不过，贝塞麦的心思很快就从黄金和发光的装饰物转移到用于制造武器的坚硬钢铁上。当时他还不知道，他炼钢的梦想将引领他踏上一段改变世界的旅程。

1853年，英国及其盟友（法国、土耳其和撒丁王国）参加了克里米亚战争，这是一场天主教朝圣者争取去圣地的权利的战役。同盟军支持天主教徒；俄罗斯则不然，力图为东正教徒保住圣地巴勒斯坦。这种紧张局势最终演变为战争，很多像贝塞麦这样的发明家都致力于为军队制造出更优良的武器。

要想打赢这场战争，英国需要很多的钢铁，这种坚固的金属可以制成威力惊人的大炮。遗憾的是，某些类型的钢铁（比如渗碳钢）生产起来很慢，而其他工艺流程（比如制造坩埚钢）则很难扩大规模。战争开始两年后，也就是1855年，形势已经变得很明朗了，那就是找到低成本快速炼钢方法的发明家必将赚得盆满钵满。对像贝塞麦这样的企业家来说，钢铁会带来巨大的经济效益，用于制造大炮的优质钢铁将变成他口袋里越来越多的金钱。

贝塞麦成为发明家绝非偶然，而是与他的父亲安东尼·贝塞麦有关。老贝塞麦是一个在巴黎工作的伦敦人，也是一位受人尊敬的发明家，25

岁时因发明排字装置和改进光学显微镜而入选备受赞誉的法国科学院。安东尼在那里遇见了很多科学精英，比如氧气的发现者、因其创立的化学命名系统而常被称为"现代化学之父"的安托万·拉瓦锡。安东尼在发明方面有着"点石成金"的本领，似乎从不会让人失望。但在1792年，这一切都因为法国大革命的爆发而终止了。罗伯斯庇尔想建立共和国，他无法容忍君主制和科学的存在，并决心根除这两者。在罗伯斯庇尔的统治下，安东尼和其他科学家的生命面临着威胁。身无分文的安东尼匆忙回到英国，勉强躲过一劫，拉瓦锡就没有这么幸运了。安东尼定居在英国一个安静的小镇上，建起了一个排字车间，并把精力完全投注到自己迄今为止最棒的发明——他的儿子亨利——身上。

1813年，亨利·贝塞麦出生于英国查尔顿。尽管他没接受什么正规的教育，但在他父亲的车间里拥有完全的自由。在那里，他与工具而不是玩具为伴，创造的兴趣就这样被激发出来。成年后的亨利个头很高，胸肌发达，有着高挺的鼻子和厚实的下巴，即使他鬓角浓密，也无法让人忽视他那毛发稀疏的头顶。

和很多出色的人才一样，贝塞麦也是一个矛盾的个体：他有时很迷人，其他时候则很暴躁。他固执而率直，慷慨而蛮横。尽管他很健谈，却更喜欢和机器待在一起。此外，他的体形也存在自相矛盾的地方：他的胸肌很结实，但双腿细长。尽管贝塞麦的眼睛有时看起来充满悲伤和忧愁，但他始终在寻找新的机遇。40岁出头时，他的机会终于来了，那就是低成本、高效率和高产量炼钢的任务。

贝塞麦炼制的钢铁可以被定义为加入了一点儿碳的铁，但这个定义不能完全反映出铁与碳结合时在性质上发生的惊人变化。奇怪的是，在微观尺度上，钢铁的局部会同时变成两种物质的多层堆叠，就像蛋糕那样。有些层富含碳，其他层则不然；有些层硬度极高，其他层则硬度很低。这样的结构兼顾了强度和延展性（承受弯曲的能力）。金属往往不会既坚固，又有延展性，这两种特性好似跷跷板的两端，一端增强，另一端势必减弱。然而，它们同时存在于钢铁中，原因就是其内部各层各有特性。拥有相反属性的多层结构让钢铁的用途变得多样化。

碳与铁的这种不可思议的结合造就了高强度的钢铁，钢铁又可以被制成耐用的大炮。但对贝塞麦来说，炼钢这件事并不容易。在铁中加入分量适当的碳，这跟经典故事《金发女孩和三只熊》中的情节有异曲同工之处。如果碳过少，钢铁就会过软；而如果碳过多，比如含量超过2%，钢铁则会像粉笔一样易折，这样的大炮非但不能对预定目标造成伤害，还会给负责发射的人带来危险，因为用脆性金属制成的大炮会爆炸。若想获得适用于大炮的钢铁，就要在铁中加入特定比率的碳，具体的数值通常不超过1%，而且这个过程需要以正确的方式重复多次。

贝塞麦很清楚这一点，再加上一切并不是从纯铁开始的，所以情况更加复杂。除此之外，当时比较容易获得的结构金属是铸铁和锻铁。尽管这两者的名称中都包含"铁"，但它们也含有一些不符合贝塞麦特定需求的成分。铸铁是由铁与过多的碳结合而成的，所以比较脆，不能被焊接或者锻造成大炮的形状。而锻铁几乎不含碳，所以它有用武之地（比如被制成用于船体的金属板），不过锻铁中往往含有很多无用的杂质，也就是炉渣，会影响大炮的强度。金发女孩要在太烫和太凉的粥之间做出选择，而贝塞麦要在太脆和太软的金属中做出选择。

贝塞麦的想法是，以某种方式将一种富含碳的粗铁（被称为生铁）中的碳去除来炼钢。如果找到了这种新方法，他就能引领人类进入一个钢铁的新时代。在朝这个方向努力的过程中，为了获得适当的条件，他对熔炉进行了"多次调整和改造"。专心致志地解决问题是贝塞麦的最佳特质之一，这让沉迷于金属的他在身体非常不舒服的情况下想到了一个主意。

尽管贝塞麦是"钢铁侠"，但他也有弱点。他特别容易晕船，每次发作后几天都缓不过来。他在自传中说："很少有人晕船的症状会比我严重。"在一次远航之后的恢复期，他迎来了灵光一现的时刻。要想将铁中的碳燃尽，就需要很多的空气。他写道："我确信如果空气可以和熔化的粗铁充分接触，那么它会迅速将粗铁转化为可锻铸铁。"

吹气是专业的长号演奏者、户外烧烤大师和想让火更旺的史前人类使用的一项古老技术。1855 年，贝塞麦虽然沿用了这一方法，但他使用空气的原因略有不同。他想让空气与熔融生铁中的碳发生化学反应，从而去除过多的碳。这样一来，他在重新加入炼钢所需的碳时，就能准确地控制好分量。贝塞麦通过一根插入金属熔池底部的管子直接送入空气，这与火山的活动方式类似。尽管这个想法很疯狂，但行之有效。

他这样描述自己的实验："在大约 10 分钟的时间里，一切都在安静地进行着。"虽然偶尔会看到火花，但他并不担心，因为这是向熔融金属中注入空气时的正常现象。他预料到熔池中会出现气泡，并伴有火和烟。然而几分钟后，火和烟就变得无法控制了。空气中的氧与碳发生剧烈的化学反应，"产生了越来越多的火花和大量的白色火焰"，之后是一连串巨大的爆炸声。贝塞麦的鼻子、耳朵、眼睛和皮肤都受到了反应产生的浓烟、雷鸣般的响声、明亮的火焰及高温的冲击。像恶魔般冒着泡的熔融金属混合物变得像维苏威火山一样。

尽管贝塞麦平静地讲述了当时的情况，但有一点很清楚，那就是他的实验突然失控，烧毁了建筑物的部分屋顶。在火被扑灭、屋内也被清理干净之后，他发现自己成功了。让他高兴的是，这次化学喷发去除了铁中的碳，为他下一步的实验创造了条件。

在对配方进行多年的优化后，尽管贝塞麦炼出了优良的钢铁，却来不及让它在军事中发挥作用了。战争已经结束，俄罗斯惨败。然而，作为一位适应能力强的企业家，贝塞麦遵循着他"永远向前"的座右铭，把目光投向了一个前途远大的新市场——铁路。

真正的钢铁侠

1856年秋天，亨利·贝塞麦爵士通过将空气注入铁液熔池来炼钢的消息传到美国，整个国家为之欢欣鼓舞。钢铁将会以桥梁和铁轨的形式将这个国家凝聚起来，然而，有关贝塞麦发明成果的消息让威廉·凯利非常忧虑。凯利也想到了一种吹气冶炼金属的方法，而且它和贝塞麦的想法有点儿类似。如果凯利想名垂青史，他就得打败贝塞麦，并马上向专利局提出申请。

威廉·凯利毕生的唯一心愿就是成为像他父亲一样重要的人物。他的父亲在匹兹堡是一位备受尊重、家财万贯的长者，不过年轻的凯利并没有从父亲那里继承下有助于成功的特质。出生于1811年的威廉·凯利长得又高又瘦，看上去没什么雄心壮志。他进入了服装行业，和他的哥哥约翰在一家名为"麦克沙恩和凯利"的公司做旅行推销员。这是一份不错的工作，不仅让他有机会周游全国，还让他成了高级合伙人。然而，命运另有安排，一场大火烧毁了这家公司的仓库。大约同一时间，威廉去肯塔基州离辛辛那提不远的一个名叫埃迪维尔的镇子上出差，邂逅了米尔德丽德·格拉西。为了离她近一些，他搬去了那里。

将近40岁的凯利来到一个完全陌生的地方，以外地人的身份进入一个关系紧密的社区，他不得不重新开始。1847年，为了在这个乡下小镇谋生，他和哥哥买下了埃迪维尔钢铁厂，并将其改名为凯利公司。威廉·凯利和米尔德丽德结婚后，从他有钱的岳父那里为钢铁厂争取到额外的资金支持。钢铁厂位于坎伯兰河河岸，有两个相隔几英里的车间：萨旺尼熔炉和联合锻造炉。熔炉将来自矿山的铁矿石转化为生铁，用于精炼的锻造炉则会将生铁转化为锻铁条。威廉管理着熔炉和锻造炉车间，他的哥哥负责处理财务，兄弟俩在炼铁方面都没有经验。

这家公司拥有将生铁转化为锻铁（把含碳量很高的铁转化为含碳量较低的铁）所需的全部设备。含碳量低（比如不到0.4%）的铁是比较理想的，因为它很坚硬，而且不容易断裂。与之相比，生铁的含碳量超过4%。

凯利的钢铁厂发展潜力巨大，并且拥有维持运转所需的大量资源。特别要提到的是，它也有优质的铁矿石来源，附近还有大片的林地——木材会被转化成可使熔炉保持高温状态的木炭。考虑到熔炉燃料是经营钢铁厂最大的开销之一，凯利想找到使车间实现经济运行的方法。

据说，1847年的某一天，凯利看到精炼车间的一个工人用空气去吹一池熔融生铁的表面。作为一个善于观察的新手，他本以为空气会使金属冷却，但气流起到了相反的作用——熔池变得更热了。往熔融金属中注入空气之所以会让温度升高，是因为发生了一个化学反应。"经过仔细观察，"凯利多年以后写道，"我产生了一个想法，那就是在金属熔化之后，无须再使用燃料了。"凯利注意到气流会使温度升高，并且减少维持熔炉火焰所需的木材。他把这道吹气工序看作一种节省燃料的方法。

　　凯利不知道的是，空气的作用还不止于此。凯利的吹气工序或者他所称的"充气工序"去除了碳，把铁水变成炼钢的优质原料。只要在其中加入特定比率的碳，就可以炼出钢铁。尽管凯利通过这种方法取得了重大突破，但他并不清楚这一突破究竟是什么。

　　有关贝塞麦即将获得美国专利的新闻报道越来越多。贝塞麦发明了一种往熔融金属中注入空气的工序，并在1856年提交了专利申请。尽管这道工序和凯利设想的工序很相似，但贝塞麦是出于别的原因选择了吹气法。贝塞麦知道往熔池中注入空气能以化学方法去除碳，这样他就可以精确控制加碳量，炼出完美的钢铁；而凯利认为吹气法可以减少燃料的用量。

　　1856年9月30日，在得知贝塞麦的研究成果仅仅几周后，凯利就向美国专利局提出了抵触申请。凯利认为自己在1847年的发明具有优先权，他找来了十几个见证人，最终贝塞麦未能获得专利。

　　但贝塞麦和凯利的区别在于，贝塞麦的工序有效，凯利的则不然。吹气法并不是让铁变得更适合炼钢的唯一工序，贝塞麦经过一番艰苦的磨炼才明白了这一点。

　　和凯利的充气工序一样，贝塞麦早期的实验去除了生铁中的碳。这是一个很好的开始，因为太多的碳会让钢铁变脆，就像生胡萝卜条一样"啪"地折断。然而，炼制优质钢铁还需要关注其他元素，也就是磷和锰。如果钢铁中含有太多磷，同样会变得很脆，所以去除磷也是有必要的。锰的效果则恰恰相反，含锰量太少的钢铁也会变得很脆。

　　尽管贝塞麦最初的工序无意中去除了锰，但并没有去除磷。从一开始他使用的就是含磷量不高的生铁，尽管他的运气不错，但那些试图重复他的实验的人就没这么幸运了。他们炼出的钢铁质量很差，和贝塞麦之前的宣传完全不一样。尽管贝塞麦在出售使用许可时赚了很多钱，但他很快就不得不退还所有的钱，还面临起诉和罚款。最终，贝塞麦不得不将他的专利与拥有加锰专利的罗伯特·马希特及拥有去磷专利的悉尼·托马斯的成果组合在一起，这种后来被称为贝塞麦炼钢法的工序非常有效。尽管人们对在此过程中发生的全部化学反应仍有争议，但可以确定的是，凯利并不知道这些反应。从专利局给出的证明来判断，支持凯利的人似乎把将空气注入熔融金属理解为一种节省燃料的方法，而不是炼制优质金属的方法。

专利局审理了凯利的案子，但忽略了凯利缺乏科学认知的情况，也没有注意到他的专利权利要求书与其提交的证据不一致的问题。美国专利局还是将专利权授予了这位美国发明家。1857年6月23日，17 628号专利证书上明确指出，空气可以"在不使用燃料的情况下"提高熔融金属的温度。这项专利的名称是"对铁的生产方式的改进"，而只字未提钢。

凯利获得了这项专利权，却没有很好地利用它。在他的书信中，几乎看不出他有继续炼钢的打算，甚至从未提到这件事。1857年的经济大恐慌爆发后，英国的经济衰退趋势蔓延到纽约的银行，并很快席卷了美国其他地方的银行，凯利无法获得资金支持，不得不关闭工厂、宣布破产。他永远不可能成为重要的人物，大规模炼钢的项目也就此搁置。铁路和桥梁的发展竟然掌握在这样一个拥有专利权却不努力制造钢铁的人手中。当美国专利局延长了凯利的专利期限并再次拒绝了贝塞麦的专利申请时，这意味着人们还要再等待几年。

很快，钢铁的需求量随着内战的爆发而增加，美国的实业家坐不住了。铁制路轨只能维持两年，需要频繁地更换；而钢轨可以维持18年。所以，美国企业都在争取炼钢法的使用许可。最终，各方签订了一份法律协议，将炼钢的所有步骤迅速组合起来。先通过吹气法去除碳，接着加锰去磷，之后加入精确分量的碳。

很多人都说贝塞麦赢了，事实的确如此。所有美国人都把这种炼钢法称为贝塞麦法，亨利·贝塞麦也因此变得十分富有。不过凯利也赢了，他获得了渴望已久的受重视的感觉。在距离肯塔基州埃迪维尔不远的一个镇子里，有一个"凯利熔炉"的标志，上面写着："威廉·凯利在这里发现了一种炼钢的方法，它后来被称为贝塞麦法，它让文明从铁器时代进入了钢铁时代。"

随着钢铁的成功发明，这种伟大材料的产量不断增加，足以支撑一个国家的建设所需。而在钢铁的诞生过程中，有一个传奇也正在被书写。

钢铁如何改变了我们

贝塞麦法会让人联想到坩埚中发生"火山喷发"的场景。在极高的温度下，由铁和碳构成的熔融混合物发出明亮的橙色光芒，而过热的空气使附近的事物都变得影影绰绰。从容器的开口处往里看，沸腾的液面上方驻留着一层尘雾，手指般的火焰胡乱地喷溅出来。滚滚浓烟从液面上升起，不时产生黄色和橙色的剧烈火花。但是，浓烟、火焰和火花都只是序幕。被注入坩埚的空气造就了一幅森林大火与国庆日烟火表演相结合的场景，冒着泡的混合物发出雷鸣般的响声，碳和空气都被熔融的金属吞噬。熔融混合物从红色变为橙色，再变为黄色和耀眼的白色，给人带来强烈的视觉冲击。就这样，熔融金属混合物被彻底改变了。这是钢铁诞生的过程，也是我们已知世界的起源。

这种熔融混合物推动了钢轨的兴起。钢轨构建了一个网络，成为国家的"结缔组织"，并催生出很多新情况。其中比较容易想到的是，人们开始迁移，城市规模扩大。以急剧扩张的铁路枢纽芝加哥为例，1850年这里有3万人，到1890年这个城市的人口已经增至原来的3倍。除了城市规模扩大之外，还出现了一些过去不存在的城市。有很多沿铁路线分布的尘土飞扬的小镇，都变成了如今人们熟知的发达城市，比如阿尔伯克基、亚特兰大、比林斯、夏延、弗雷斯诺、里诺、里弗赛德、塔科马和图森等。铁路可以影响一个城市的生死存亡：如果通了铁路，城市就会蓬勃发展；而如果没通铁路，城市就可能式微衰亡。

铁路出现之前的旅行在现代人看来是无法想象的。我们从哈佛大学第15任校长乔赛亚·昆西分享的他从波士顿到纽约的短途旅行的一些细节中，可以体会到搭乘公共马车出行的艰辛。

> 去纽约的旅程花了一周的时间。四轮马车很破旧，走得也很慢，大部分马具都是用绳子制成的。两匹马要负责行进18英里的路程。如果没有发生事故，我们通常会在晚上10点到达临时休息处，吃一顿简单的晚餐，然后上床睡觉。睡前有人通知会在第二天早上3点叫我们起床，但我们一般都是在凌晨两点半被叫醒的。不管是下雪还是下雨，旅行者都必须按时起床，借着一盏角灯和一个蜡烛头的光做好准备，然后在状况糟糕的路上继续前进。有时马车夫显然还是一副醉酒的样子，因为好心的乘客在中途的每个停车点都一定会让

他喝一杯热甜酒。我们有时候还不得不下车，帮助马车夫把马车从泥潭或车辙中抬出来。经过一周的艰苦跋涉，我们终于到了纽约。

乘坐驿站马车出行既危险又颠簸，这使得火车一问世就广受欢迎。铁路出行的便利，重构了人们心理上的地图。我们从1932年出版的《美国历史地理地图集》中就可以看出这种距离上的变化，这本地图集选取了与人口、人口结构及从一个地方到另一个地方所花费的时间或者出行速度等有关的统计数据（详见图18和图19）。出行时间以曲线的形式被描绘在地图上，就像在重要的远足地图上才能看到的表示海拔高度的等高线一样，从中可以看出一个人从纽约市出发，在特定的时间段内可以走多远。比如，在19世纪早期，从纽约乘坐公共马车去华盛顿特区要花5天的时间。然而，几十年之后，"等高线"之间的距离变宽了。在19世纪中期，从纽约坐火车去华盛顿特区只需要花1天的时间。在铁路出现之前，如果子女把自己的小家搬到离父母家50英里远的地方，那么探望父母一次要花2天的时间，所以他们不常回老家；而有了铁路之后，只要等上2个小时祖父母就可以看到他们的孙辈了。铁路的出现让整个国家经历了地理学家所谓的"时空压缩"，也就是说，随着从一个地方到另一个地方所需花费的时间变短，两地之间的距离就变得不那么重要了。或者说，世界变小了。

在铁路出现之前，每小时行进20~30英里已经是相当快的速度了，这差不多是公共马车速度的2~3倍。和任何新鲜事物一样，铁路也遇到了一些阻力。"如果上帝计划让他创造的智能生物乘坐着蒸汽（指火车），以可怕的每小时15英里的速度前进，那么他会通过神圣的先知明确预言这件事。"这是1828年铁路即将通到密西西比河西岸时，俄亥俄州兰开斯特地方教育委员会发表的观点。尽管有反对的声音，铁路还是顺利通车，大大提高了人们的出行速度。

钢轨诞生之后，商业的本质也发生了变化。火车出现之前，小商店都必须保有大量的库存，这伴随着一定的损毁或被盗窃的风险。铁路可以运来新的商品，并且每隔几周就能补货一次，这使店主能以更少的库存和更低的风险进行经营。此外，铁路也改变了小型企业的本质。在铁路出现之前，西部边远地区的商人只在特定的季节才有生意做。尽管夏天的销售量很稳定，但到了冬天，结冰的运河和河流致使顾客和产品无法到达商店。所以，那时候的商业处于"饥一顿饱一顿"的状态。铁路保证了稳定的物流，因为它不会受到冬季冰冻期的影响。

铁和碳的熔融混合物造就了钢轨，铁路又将各种产品运送到全国的各个角落，让人们不用再局限于本地的可获得商品。美国铁路的发展速度很快。1840年，也就是在贝塞麦法出现之前，全美铁路轨道的长度只有3 326英里。20年后，也就是1860年，轨道长度达到了30 600英里，略大于赤道的长度。到1900年，美国钢轨的总长度已经可以绕地球10圈了。这意味着美国的几乎所有角落都通了铁路，可以满足全国对该地区产品的需求。

钢铁让晚餐更加丰富多样，令人食指大动。为了将充足的食物送上所有人的餐桌，铁路将可以供应食品的地区连接起来，以满足全美的需求。在铁路出现之前，各个社区的人们凭自己的劳作维持生计，只能购买本地出产的食品。然而，铁路带来了其他地区的食品，从而改变了传统的饮食习惯。明尼阿波利斯盛产面粉，芝加哥养殖了大量牛，路易斯安那州是产糖重镇，密苏里州的玉米产量很高。这些地区都愿意通过为其他地区供应自己的特产，来获得它们需要的食物。要实现这种资源的交换，就需要一种廉价的运输方式，这恰恰是铁路的一大优势。

铁和碳的混合物造就了钢铁和纵横全美的钢轨，推动了经济的发展。然而，钢铁的作用远不止于此。

圣诞节如何变成了受欢迎的节日

我们知道，圣诞节并非从一开始就以现在的方式存在。在基督诞生一年之后，圣诞老人和他的驯鹿并没有出现；人们至少还要等上300多年，才会迎来圣诞节。19世纪，这个节日流行起来，并融合了欧洲宗教和异教传统中的各种元素，呈现为现代人在英国作家查尔斯·狄更斯1843年出版的小说《圣诞颂歌》中看到的那个样子。狄更斯作品中的埃比尼泽·斯克鲁奇和小蒂姆等经久不衰的人物形象，让这个传统的冬季节日变得完整。

尽管英国人对圣诞节的热情蔓延到了国外，但这个节日刚传到美国时不太受欢迎。1894年，101岁的简·安·布朗夫人告诉《纽约时报》："相比圣诞节，人们更看重新年。"布朗夫人在她漫长的一生中，见证了圣诞节的种种变化。据她观察，当时的纽约人不像现在这么重视圣诞节，而且这种情况不只出现在纽约。

在费城，圣诞节起初是一个令人讨厌的节日，因为这一天喝醉的狂欢者会走上街头，乞讨钱财。因为工厂冬天停产，工人们很缺钱，就利用这个节日去有钱人家门前表演，以获得救济。这种穷困潦倒的人为得到捐助而唱歌的习惯最终演变成令人愉悦的唱颂歌形式。总之，正如苏珊·戴维斯教授在文章中写的那样，此后圣诞节开始向中产阶级的价值观靠拢，成为一个"赠送礼物、往长筒袜里装礼物和家人团聚"的日子。

从这个时期圣诞颂歌的创作数量中，我们也能看出圣诞节的改变，包括：

1839年《普世欢腾》（*Joy to the world*）

1840年《听啊！天使高声唱》（*Hark! The Herald Angels Sing*）

1847年《神圣的夜晚》（*O Holy Night*）

1850年《缅想当年时方夜半》（*It Came Upon a Midnight Clear*）

1857年《三个国王》（*We Three Kings*）

1857年《铃儿响叮当》（*Jingle Bells*）

1868年《小城伯利恒》（*O Little Town of Bethlehem*）

不过，对于这个节日的变化，还有一种比较阴暗的看法。历史学家彭内·雷斯塔提出，圣诞节之所以会变成一个赠送礼物的日子，是为了维持经济的运行。而运送食品、礼物和圣诞商品的最佳方式就是铁路。

圣诞节商品成就了一个巨大的产业。首先是圣诞树，在19世纪，卖圣诞树的生意变得火爆。1893年的《纽约时报》报道称："现在有一个新兴市场，其竞争的激烈程度和交易量堪比任何一个商品交易场所，而且这个市场只经营圣诞树。"从12月初到圣诞节当天，来自缅因州的商人会在城里售卖圣诞树。尽管这样的场景在今天也很常见，但那时候圣诞树的销售是一件富有新闻价值的事。这些圣诞树正是通过铁路从缅因州被运送到纽约市的。

其次是圣诞卡片。1882年，一位邮政部门的官员说："4年前，圣诞卡片尚属新鲜玩意儿，后来人们越发热衷于互送卡片，这项业务似乎每年都在扩大。"节日三部曲中的最后一项是赠送礼物，1890年，《纽约时报》称出现了"赠送和接受礼物的热潮"。然而，并不是所有人都对圣诞节的改变感到开心。1880年，《纽约时报》指出："这种庆祝方式的开销很大，甚至可以说有些不顾后果，各个阶层的人都在礼物的昂贵程度上相互攀比。"尽管存在这种理性的声音，但整个社会还是被在钢轨上奔驰的满载着圣诞树、圣诞卡片和圣诞礼物的火车征服了。

有些学者认为在林肯去世之后美国就分裂了，因此需要一种强大的黏合剂。这个冬天的节日就是作为国家的连接器被设计出来的。商业和铁路通过钢轨将圣诞节的习俗整合在一起：购物是美国文化的一部分，钢轨则让购物成为可能；火车带来了商品，并把人们带到商店里去购买这些产品，由此创造出一个循环系统。总之，圣诞节带来了经济快速发展的动力。

我们知道圣诞节诞生于教会，但它的流行与钢铁的发展密不可分。从感恩节在日历上的位置变动，我们可以找到更多有关商业活动如何造就圣诞节的证据。亚伯拉罕·林肯宣布11月的最后一个周四为全美性节日——感恩节。几十年后，富兰克林·D. 罗斯福在商业领袖和百货公司说客的敦促下，将感恩节提前一周，更改为11月的第三个周四。这样的调整延长了圣诞节假期，让人们有了更多的购物时间。总统大笔一挥，冒着蒸汽的火车就沿着钢轨，将"圣诞老人"的礼物带给小女孩们和小男孩们，让他们尽情享受这个由钢铁帮助美国人造就的节日。

1884年，《科学》杂志提出，亨利·贝塞麦的炼钢法"在短短25年内，彻底改变了人类社会的一些最伟大的产业"。贝塞麦创造的铁与碳的熔融混合物，先是压缩了空间，然后创造了我们已知的城市、贸易和圣诞节等新奇事物，推动人类社会进入了一个独特而复杂的时代。

第三章

通信

铁质电报线路及后来出现的
铜质电报线路，如何造就了
快捷的通信方式，又如何塑
造了信息及其含义？

一场本该避免的战争

1815年1月的一天清晨，安德鲁·杰克逊少将透过小型望远镜观察着路易斯安那州的战场，他已经在那里阻击英军几个星期了。他的部队驻扎在新奥尔良市以南仅6英里处，位于密西西比河泥泞的河岸上。你无论如何也想象不到，他们并不都是正规的士兵。其中只有一小部分接受过军事训练，剩下的则是边远地区的居民、志愿兵、商人、获得自由的奴隶、美洲原住民和海盗。美国的生死存亡就掌握在与训练有素的上万名英军对抗的这4 000个匆忙上阵的人手中。

1812年战争①整整持续了3年，有关战争进展的消息都是用马或者船传递的，几周之后公众才能知晓。如果按照人们的预期，刚刚独立、尚未建立起庞大军队的美国不可能获胜。况且，美国不仅对外有冲突，内部也并不安定。美国北部各州还没完全统一，而且英军确信对美国南部新奥尔良的进攻还将对其西部地区产生影响，最终导致这个国家分崩离

---

① 1812年战争（War of 1812）：美国称"第二次独立战争"，发生在英美之间。——编者注

析。唯一阻碍英军成功的是一位生性好战、脾气暴躁的将军，他就是安德鲁·杰克逊。

新奥尔良的战争不仅是美英两国军队之间的较量，也是统帅之间的较量。英军统帅、少将爱德华·帕克南爵士36岁，是一位受过良好教育的军人，并且与皇室有血缘关系。身材魁梧、年轻英俊的他和士兵打成了一片，颇受爱戴。而杰克逊当时已经47岁了，在痢疾的折磨下，他的面容苍白憔悴，他的心脏附近还留有在1805年的一次手枪决斗中被射入的一颗子弹。尽管杰克逊没受过多少教育，是一位没有经受过考验的指挥官，也没什么军事天赋，但他像罗威纳犬一样凶猛。

1815年1月8日，在黎明的晨光中，英军向美军发起了第三次进攻。战场在新奥尔良附近的一片糖料种植园的田地里，一边是褐色的密西西比河，另一边是黑色的沼泽。杰克逊的防线是一道前面带有壕沟的防御墙，它的中间部分很坚固，但两端比较薄弱。英军据此制订了从两侧发起攻击的作战计划。英军指挥官帕克南十分理性，他采取了一种复杂的作战方案，需要行动上的精准配合，各个环节要像时钟的零部件一样协同作用。英军分成4路展开攻击：一路横渡密西西比河并溯流而上，一路沿着河边，一路沿着沼泽边缘，还有一路负责中间地带。帕克南把这场战斗看作大脑中的一场国际象棋比赛，试图通过攻取一粒棋子取胜；而杰克逊把这一切看作简单的跳棋游戏，试图利用棋盘上更多的棋子击败对手。

随着枪声响起，胜利的天平开始向美军倾斜。英军派往密西西比河的船只陷入泥潭，未能及时从杰克逊的防线后方实施攻击。人为的失误也产生了一定影响，一路英军原本计划步行前进，并携带攀墙用的梯子和填补壕沟用的成捆甘蔗蹚过河水，但他们忘了带梯子和甘蔗。当意识到这个"致命的错误"时，他们撤回去取这些东西再返回，以致贻误了战机，破坏了作战行动的协同性。

红色的火箭弹在美军头顶发出刺耳的鸣响声，让那些未经过战争洗礼的士兵惊恐不已。杰克逊像对待未驯服的战马一样，用坚定、镇静和慈父般的话语让他们平静下来，抑制住他们想逃跑的冲动。在那个自动武器尚未出现的年代，这些士兵用食指扣住滑膛枪的扳机或拉住大炮的打火石，然后在杰克逊的命令下，不停地开枪和发射炮弹，快速而凶狠地阻击着不断前进的英军。英军冲向防御墙，并开枪反击。不到2小时，英军的叫喊声变得越来越小，几声巨响过后，那里只剩下一片寂静。

硝烟散去后，杰克逊透过他的小型望远镜观察到，地上有数以千计的英军士兵一动不动地躺在他们丧命的地方。当杰克逊仔细查看战场时，他看到死去的帕克南的尸体被一枚炮弹炸成了两半。战争结束了，获胜希望渺茫的美军以仅失去100名士兵的代价获得了胜利。

然而，这次胜利并没有起到什么作用，英军和美军的牺牲也变得毫无意义。令人尊敬的安德鲁·杰克逊少将并不知道，在新奥尔良之战打响之前，美英两国的战争就已经结束了。1814年平安夜，也就是在杰克逊与帕克南交战的两周前，美英两国在比利时根特签署了一份和平条约，商定将两国国界及政策恢复到战前状态。当时距离塞缪尔·莫尔斯发明电报还有将近20年的时间，和平的消息需要像包裹一样通过船来传递。几周之后，直到2月中旬，那份和平条约才到达华盛顿，并在1815年2月16日获得通过。两个多月后，当杰克逊于5月6日收到官方消息时，路易斯安那州茂盛的草木已经快把英军士兵的尸骨掩埋了。

在美国南部的甘蔗地里，那么多的士兵就这样白白牺牲了，而消息延迟的负面影响远不止于此。

在历史上，杰克逊率领的军队一度是美国国家精髓的代表，他的士兵中有黑人和白人、富人和穷人、职业军人和业余军人、印第安人和殖民者，甚至还有一些罪犯。尽管这些人之间有很多差异，但他们有一个更大的共同点，即想通过击退英军获得一个追求自身幸福的机会。在战争期间，杰克逊向黑人士兵许诺，他们的报酬和受尊敬的程度都会和白人士兵一样。在战场上，为了与英军对抗，杰克逊将美洲原住民纳入麾下。在靠近战场的地方，杰克逊招募了很多妇女，让她们为他的士兵准备衣物和包扎伤口。杰克逊把不同的人团结起来，融为一体。然而，这种凝聚力和杰克逊对这些人的重视没能延续下去。

取得胜利之后，杰克逊的人气上升，也加快了他当选总统的过程。出于这个身份，他让原住民离开他们的土地，并迫使其中很多人踏上了"眼泪之路"。他要在全美范围内继续对黑人的奴役，利用自己种植园中的奴隶积累大量的财富。他还忽视了妇女的权利，将投票权的范围扩展至所有白人男性，而不只是产权人。杰克逊后来被称为"人民的总统"，因为他让那些和自己模样相似的人过上了更好的生活，其他人则像国际象棋中的棋子一样被逼退、阻止，或者像美洲原住民那样被清除。在新奥尔良的战场上，杰克逊曾短暂地领导并团结了黑人、卡津人（法裔路易斯安那州人）、克里奥尔人（早期的法国及西班牙移民后裔）、印第安人和白人。尽管他让国家免受奴役，成为美国版的摩西[①]，但战后他背弃承诺，变成了美国版的法老。如果在这场不必要的战争开始之前，和平

---

① 摩西：让以色列人摆脱被奴役命运的民族领袖。——译者注

的消息就能通过塞缪尔·莫尔斯的电报传到前线，那么杰克逊的夺权之路可能会受到阻碍，美国也可能会变得不一样。

闪电快信

塞缪尔·F. B. 莫尔斯站在萨利号邮轮的甲板上，强忍泪水凝视着大西洋彼岸祖国的方向。他将搭乘萨利号回到纽约，这艘运送信件和货物的邮轮在风的推动下，从塞纳河与英吉利海峡的交汇处——法国的勒阿弗尔港启航。莫尔斯在1832年10月1日出发，此时他刚刚度过他的结婚纪念日，在过去7年间，这都是一个让他陷入悲伤的时刻。尽管莫尔斯坚称自己旅居国外是为了进一步接受绘画艺术培养，提升艺术造诣，但他少数几位亲密的朋友都私下里说他去欧洲3年是为了缅怀他的妻子柳克丽霞。1825年柳克丽霞因心脏病发作死亡，这件事对莫尔斯的伤害很大，在之后几年里让他痛苦不已。后来莫尔斯对他的哥哥说："那个伤口每天都会流血。"让莫尔斯更加悲痛的是，他一直没有机会和自己的爱人告别。面对着妻子死后变得越发沉重的生活负担，他逃到了大西洋彼岸的欧洲。欧洲——特别是伦敦——曾塑造了他的青春，他在那里接受了绘画训练，并决心成为一名艺术家。而这一次，41岁的莫尔斯在意志消沉且几乎身无分文的情况下，把自己的三个孩子交给亲戚朋友照顾，只身一人乘船前往法国，之后又去了意大利，希望能在时间和空间上得到疗愈。

从大学时期开始，看惯了耶鲁校园里老式红砖建筑的莫尔斯就立志成为一名画家。他越来越喜欢"艺术的知识分支"，也就是像欧洲大师曾经做过的那样，在画布上展现壁画和历史场景。他也希望能依靠自己的劳动成果舒舒服服地生活，遗憾的是，身高6英尺、年轻时体格健壮的他如今面容憔悴，身材瘦削。更糟糕的是，他的大部分工作都是画美国人喜欢的肖像画，而他认为这种画是比较低级的表达方式。尽管如此，在二三十岁的时候，为了谋生，莫尔斯从他父母家坐几天的公共马车去到新英格兰的很多地方，还去过南卡罗来纳州（他母亲还有家人住在那里），为愿意付钱的人绘制肖像画。

幸运的是，1825年1月，莫尔斯获得了一次将他的艺术事业推向更高水平的千载难逢的机会。他受邀为著名的拉法耶特侯爵画一幅全身像。在独立战争期间，这位法国指挥官曾与殖民地居民并肩作战，也是这场战争幸存下来的几位英雄之一。莫尔斯对拉法耶特的尊敬程度仅次于对乔治·华盛顿，乔治·华盛顿是莫尔斯的父亲杰迪代亚·莫尔斯的朋友。杰迪代亚是一位好战的新教牧师，也是美国著名的地理学家，他从未想过让自己的儿子成为画家。塞缪尔·莫尔斯也从未想过自己会变得贫穷，并且远离家乡。小时候，莫尔斯曾从寄宿学校跑出来，回到严厉的父母身边。当莫尔斯在新罕布什尔州的康科德画肖像画时，他遇到了柳克丽霞并一起步入婚姻，此时他终于拥有了生命中一直缺少的那种东西——"强烈的依恋感"。妻子的离世让他手足无措，得知这一消息的状况也给他造成了心灵创伤。

1825年冬天，在华盛顿特区，拉法耶特为自己的肖像画摆了整整两天的姿势，其间莫尔斯在酒店给妻子写信，讲述了他在白宫出席庆祝活动的过程。在2月10日周四写的一封信的结尾处，他说道："盼望收到你的来信。"柳克丽霞和莫尔斯的父母一起住在康涅狄格州的纽黑文，三周前她生下了第三个孩子。尽管她的身体恢复得很慢，但看起来没什么问题，她的心情也很愉快。每天晚上睡觉前，她总会说起十分盼望不久之后就能和莫尔斯在纽约重聚。

在莫尔斯把给妻子的信寄出几天之后的一个周六，他意外收到了父亲的便条，才知道家中出事了。他的父亲有清教徒的血统，从不会在情感上浪费精力，而他在便条上写的第一句话是："我无比深爱的儿子。"接着他写道："我的内心处于极大的痛苦和深切的悲伤中"，原因是"你心爱且值得被爱的妻子突然不幸离世了"。柳克丽霞一直没有收到莫尔斯的信，因为就在莫尔斯给她写信的那一天，她已经去世3天了。柳克丽霞患上了绝症——据他父亲说是"一种心脏病"，并在周一晚上离开了人世。得知这个噩耗后，莫尔斯马上乘坐公共马车从华盛顿赶回纽黑文。他周日在巴尔的摩，周一晚上到达费城，周二到纽约，并终于在周三傍晚回到纽黑文。但等莫尔斯到家的时候，柳克丽霞已经下葬4天了。

莫尔斯回到他在纽约的工作室，继续完成拉法耶特的画像。画布上的阴云可能不只是为了反衬指挥官宽大的脸庞而采用的一种艺术手法，也表达了莫尔斯的情绪。在接下来的几年里，莫尔斯在艺术界获得了更高的地位和名望，这填补了他内心的空虚。然而，生活总体上依然枯燥无趣。尽管过去了很多年，但对他来说，时间在柳克丽霞去世之后就停滞了。他咒怨消息传递的速度慢如蜗牛，并为此苦恼不已。很多年前，年轻的莫尔斯在伦敦给父母写信说："我希望能瞬间传递消息，但3 000英里的距离是无法瞬间跨越的。"他接着写道："我们必须等上整整4周，才能收到对方的来信。"妻子的死加剧了他对于高效通信方式的渴望，而内心的悲痛促使他决定进行一次海外旅行。于是，莫尔斯把自己的三个孩子寄养在亲戚家，然后出发去了欧洲。

1832年，莫尔斯搭乘苏利号开始了长达几周的归家之旅，他没有获得他所向往的名声与财富，而只能不情愿地与同行的19位乘客结交。所有乘客都在一起吃饭，大家对彼此的职业也变得越发感兴趣，逐渐形成了一个与世隔绝的海上社区。有一天吃晚饭的时候，来自波士顿的医生查尔斯·T. 杰克逊变身地质学家，讲起了他在巴黎的一家医学院参加讲座时见到的电学演示实验，并表示他对电和电磁体（环绕马蹄形磁铁的线圈会使其磁性增强）非常感兴趣。杰克逊详细讲述了电瞬间通过缠绕在索邦神学院外边的很多圈电线的实验，在场的乘客都露出了怀疑的表情。于是，杰克逊又讲到了因在雷雨天放风筝而出名的美国英雄本·富兰克林，富兰克林曾用几英里长的电线来传输电火花，并且发现他触碰到电火花的时间与电火花从另一端发出的时间没有明显的差异。有人由此提出："如果我们能这样快速地发送消息，就太好了。"感到醍醐灌顶的莫尔斯问道："我们为什么不能呢？"

尽管交谈还在继续，但已经与莫尔斯无关，一个想法像闪电一样击中了他。晚餐后，莫尔斯登上甲板，找到一个舒服的姿势，并在写生簿上描绘起自己的想法来。整个晚上，他都在冷风中思考着通过电线传递消息或情报的构想。莫尔斯在耶鲁大学读书的时候上过自然哲学教授杰里迈亚·戴的物理课，这位教授让所有学生手拉手围成一个圈。接着，教授对其中一位年轻人施加了一次电击。莫尔斯回家后写道："我感觉好像有人轻轻击打了一下我的手臂。"而且，他们所有人都同时感受到了电击。莫尔斯想知道，如果电可以在瞬间传播，那么消息是否也能以同样快的速度传递出去。这样的发明可以让住校的男孩得到父母的疼爱，让身在伦敦的美国少年与家人迅速取得联系，或者让一个丈夫能及时和他临终的妻子告别。

第二天早上，莫尔斯穿着和前一天一样的衣服坐在早餐桌旁，浑身散发出海上夜里那种湿咸难闻的气味。在那个秋天的晚上，身处大西洋的莫尔斯反复思考着。在这次逃避现实、与世隔绝的海洋之旅中，他构想出与世界交流的方式。莫尔斯的想法，也就是被他称为"电磁电报机"的东西吸引了他全部的注意力，而且，一有机会他就向查尔斯·T. 杰克逊请教，在备忘录上快速记下灵感，然后尝试设计发送闪电快信的方法。他房间里的那些画作都处于未完成的状态，因为灵感女神赋予了他一项新发明。苏利号就像"约拿的鲸鱼"①一样，为莫尔斯提供了一个可以暂时远离艺术创作并朝着新方向努力的场所。11月15日，当苏利号停泊在纽约港时，莫尔斯脑海中的构想已经很明确了。

莫尔斯一上岸，见到他的两个弟弟——悉尼和罗伯特，就一直在说他打算用电发送情报的想法。为了提高艺术水平，莫尔斯已经离家三年了。他的两个弟弟本打算给他好好讲讲有关他的孩子、家人和国家的事情，但对莫尔斯来说，这些消息的价值完全比不上过去6周他在海上的顿悟。尽管莫尔斯上船时内心空虚、悲痛万分，但大海让他再次充满热情。虽然他在下船时已然获得了新生，但他的首要任务是先安定下来，然后想办法养活自己和一直不在他身边的三个孩子。

1835年，莫尔斯开始在纽约市大学（后来的纽约大学）担任艺术教授，这份工作带来的尊重足以建立起一个人的自我价值感。在哥特式的学校围墙之内，他又一次投身高端艺术。为了让自己的油画进入国会大厦的圆形大厅，并从政府那里获得可观的佣金，他从1834年开始整整努

---

① "约拿的鲸鱼"指的是古以色列国王的先知约拿被抛入海中，然后被一头鲸吞下，在鲸腹中生活了三天三夜的故事。——译者注

力了两年。随着美国从革命之地转变为一个正常运转的国家，它的首都迫切想与其他欧洲城市相媲美，所以需要用艺术作品展现这个国家建立的过程。那笔佣金原本看起来非莫尔斯莫属，但不久他就失去了这个绝好的机会，这让他非常失望。更糟糕的是，想要肖像画的顾客也变得越来越少。尽管莫尔斯的举止像王子一样，但他的口袋里没有钱。他感觉被自己的理想所背叛，当谈到艺术时，他说："我不曾放弃她，她却抛弃了我。"

秘密研发电报机的工作让莫尔斯内心平静下来。在苏利号上产生灵感之后，莫尔斯怀着从妻子去世后就不曾有过的热情回到家里。他开始认真地将零件组装成一台可以通过电线发送电信号的基本装置——电磁电报机。他之所以取这个名字，是为了将自己的设计与已有的光学（或视觉）电报区别开来，就后者而言，信号塔（往往位于电报山上）会利用其机械手臂发出用旗语编码的消息。

在纽约的艺术工作室里，莫尔斯利用手边的工具制作出一台早期的电磁电报机。他找来一个画肖像画时撑画布用的木制框架，把它固定在一张桌子上；然后找来一支铅笔，把它锯成两半；接着又找来一台旧时钟，取出里面的齿轮。

莫尔斯的这台装置看上去很像游戏器具。木制框架上系着一个小秋千，但在秋千上"坐"着的不是幼儿，而是一支铅笔；推秋千的也不是孩子的母亲，而是有一块用电线包裹的马蹄形磁铁在电线中电脉冲的作用下使铅笔前后移动。电脉冲就像一根看不见的手指推动着铅笔在纸带上来回移动，留下一串不连贯的印记。最终的结果看似三年级学生写的一整页字母"v"，字母彼此头对着头，并以一定的距离间隔开。"v"的最低点代表"点"，"点"之间的长线代表"划"，这些点和划都是由莫尔斯电磁电报机的另一部分——发射机——产生的电信号形成的。

为了通过发射机发送点和划，莫尔斯借鉴了另一种游戏器具——跷跷板。当跷跷板的一端翘起时，带有像响尾蛇的尖牙一样突出电线的另一端会沉入液态汞池，接通电路，使电流经铜线到达接收机。为了产生点和划，莫尔斯把他弟弟的壁炉炉栅熔掉了一部分，并把得到的液态铅倒进一个模具中，打算浇铸一把平尺，结果不小心烧毁了一部分地毯。他把尺子分成像锯子一样边缘带齿的小块，但并不是所有齿都在。有齿的地方表示点，没齿的地方则表示划。根据他在苏利号上所做的笔记，莫尔斯创造了一套基于齿数和间距的数字代码。回到工作室后，莫尔斯在跷跷板下面滑动按照这套代码排列好的金属块。当齿使跷跷板的一端上翘时，另一端会下降，并向接收机发出一个电脉冲，铅笔就会在时钟齿轮的驱动下在纸带上画下一个"v"。接下来，莫尔斯将得到的点和划先转化成数字，再把数字转化成单词，收入他编制的字典。

这些配件不仅需要下很大的功夫加以完善，也不像他的画作那样富有美感。莫尔斯把自己有限的钱都用来买电线，这样他就可以绕整个房间一周，让消息传播至更远的地方。一次，当他滑动锯齿推动发射机接通电路以发送信息时，接收机却没有动。他试了好几次，紧固各个部件，确保连接也没有问题，但接收机还是没反应。

他的业余水准已经发挥到极限了，现在他需要专业的科学知识。1836年1月，他联系了纽约大学的一位同事——伦纳德·盖尔教授，这位化学专家一下子就发现了问题所在。正如软管中的水需要很大的压力才能远距离流动一样，电流想要传播得远，也需要一个额外的推力。莫尔斯只用了一节电池，这是他在耶鲁大学学习时从本杰明·西利曼教授的课上学到的，盖尔建议他把多节电池像列队的士兵那样排成一行，这样每节电池都能增加电流强度。盖尔也检查了莫尔斯用的那块被电线包裹的马蹄形磁铁。莫尔斯只是在磁铁外松散地缠了几圈铜线，但想要让磁铁的磁性足够强，即便不用缠上几百圈，也需要缠上几十圈。盖尔在新泽西学院（即后来的普林斯顿大学）教授、物理学家约翰·亨利1831年发表的一篇科学论文中读到过这方面的内容。莫尔斯把这些需要改进的地方记录下来，并把它们整合起来解决他的电报机的问题。

尽管塞缪尔·莫尔斯继续为自己的艺术和发明而努力着，但他也受到了政治的影响。成长为坚定新教徒的莫尔斯十分憎恶教皇和天主教会，他并不是唯一持这种态度的人。随着大量爱尔兰天主教移民涌入，很多美国人担心他们在美国人口中的占比会因为移民的到来而变得越来越小。莫尔斯写道："我们的民主制度正在经受考验。"他呼吁美国应当"提防因邪恶无知的外来人口涌入而使它们（民主制度）受到威胁的风险"，莫尔斯和美国民众的愤怒演变成对于某个民族和特定宗教人士的全面仇恨。他与一群保护土生土长的美国公民的人（或者叫本土主义者）为伍，他们自称"美国原住民"。对被生活和艺术伤透心的莫尔斯来说，美国是他最后的情感寄托，所以他对谁可否成为美国公民有着很强烈的想法，他甚至认为奴隶制是神对人类社会的一种安排。为了保护他心中的祖国，莫尔斯以反移民、反天主教的政治纲领参与了纽约市长的竞选。他获得了自己梦寐以求的名声，难以控制的本我终于得到了一个公开发声的机会。莫尔斯最终惨败，他的父亲一直告诫他："你不可能同时做好两件事。"所以，这个善变的人很快又把注意力放到了他的发明上。但是，莫尔斯也从未停止宣扬他的谁是美国人而谁不是美国人的思想。

　　尽管莫尔斯基本上在人们看不见的地方研究电报机，但后来他开始私下里向纽约大学的学生展示自己的发明。大多数时候他的演示都很成功，但他一直忧心忡忡。报纸报道了其他电报机，特别是法国的一种视觉（或光学）电报机。由于确定电报机发明者这件事变得越来越难，为了澄清事实，莫尔斯公开了自己的成果，并且让媒体报道他的发明。虽然这样做起到了作用，但也带来了麻烦。不久之后，查尔斯·T. 约翰逊医生（苏利号上那位电学爱好者）读到了有关莫尔斯的文章，坚持说他是共同发明人，并要求以后的文章都要提到这一点。把毕生心血投入电报机发明中的莫尔斯没有同意约翰逊的要求，他们对彼此的指责越发激烈，甚至扬言要诉诸法律程序，其间莫尔斯延长了电信号的持续时间。

　　1837 年 9 月 2 日，莫尔斯向一群朋友、学生和教授展示了他的简易电报机，并且通过铜线把电信号成功地发送到 1/3 英里之外的地方。成股的电线铺满了一间长长的教室。在观众当中，有一位叫阿尔弗雷德·韦尔的校友，30 多岁的他当时在他父亲位于新泽西州的钢铁厂做机械工。韦尔被眼前的这一切及其巨大的潜力迷住了，他总能以发展的眼光去看待简陋的东西。尽管这是他向往的职业，但他的健康状况不允许他这样做。韦尔拥有一张稚气的脸、一头深色的头发和圣人般的耐心，他一直在等待新生活的召唤。尽管莫尔斯的装置看上去很原始，但在韦尔看来，他可以用自己的双手把这个木制框架变成一台由机械和电气零件构成的金属机器。技术精湛、性格沉稳的韦尔与积极主动但焦虑不安的莫尔斯相互弥补、展开合作，成为杰克逊总统任职时期的"史蒂夫·沃兹尼克与史蒂夫·乔布斯"。

　　他们花了几个月的时间用金属制造出电磁电报机，并通过发明收信磁体（或者叫继电器）把信号传递到更远的地方。之后，他们终于时来运转了。美国国会发布公告，征集在远距离传送消息方面的最佳创意和发明。当莫尔斯看到这则公告时，他几乎已经尝到胜利的味道了。韦尔和莫尔斯把全部精力都放在赢得这次比赛上。

随着电报机变得越来越坚固耐用，莫尔斯为了保护他的发明的法律权益，在1837年9月提交了专利预审（被称为预告登记）申请。在装配方面，韦尔在他父亲位于新泽西州莫里斯敦的斯皮德维尔钢铁厂开始了测试工作，这里比莫尔斯在纽约的工作室更宽敞，也有更好的加工工具。1838年1月6日，天气很冷，韦尔利用铺满旧谷仓的长达2英里的电线，成功进行了测试。

莫尔斯和韦尔变得越来越自信，为了准备在华盛顿的展示，他们开始在公开场合演示电报机。他们先在莫里斯敦数百位市民面前将电火花组成的消息通过电线发送到2英里之外，接着他们分别在纽约市大学和费城的富兰克林研究所将消息发送到10英里之外。随着他们的电报机不断得到改进，莫尔斯放弃了将成千上万的数字代码转化成字典里的单词这种复杂的办法，并代之以高效的等同于字母和数字的点划代码。有了令人满意的测试结果和作为支撑的新字母表，莫尔斯和韦尔已经准备好让华盛顿的官员们见识一下这项发明的威力了。

1838年2月15日，莫尔斯开始在华盛顿特区展示他的电报机。2月21日，莫尔斯在马丁·范布伦总统面前进行了演示，他成功地将消息传递到十几英里外的地方，让从来不会词穷的政客们哑口无言。其他竞争对手都采用了比较慢的旗语来传递情报，而莫尔斯在1分钟内就可以编码10个单词，这简直是人类有史以来最快捷的通信手段，其他方法根本无法与之相提并论。尽管这次胜利非常值得庆祝，但莫尔斯还没有解决为新发明的部署和推广找到资金来源的难题。事实上，这需要一份为电报线路安装划拨预算的国会法案。

　　1838年5月，在等待立法者对这一提案进行认真研究的时候，为了获得国外专利，莫尔斯不远万里去到英国和欧洲其他地方。他在4月已经申请了美国专利，并且对成功取得专利充满信心。有了在美国的初战告捷，莫尔斯前往欧洲和俄国，看看有什么其他可能的收获。

　　莫尔斯想在英国获得专利，但审查员根本不受理他的申请，因为那里已经有英国版的电报机了。当莫尔斯在美国埋头苦干的时候，英国的两位发明家查尔斯·惠斯通和威廉·库克也在研究通过电线发送消息的方法。莫尔斯试图展示他的创意的独特性，想为他的专利争取一点儿余地。在英国人的电报系统中，消息是通过偏转的罗盘指针传送的；而莫尔斯的电报机是利用电磁铁让铅笔在纸上移动。在英国人的电报系统中，5根针的位置表示一个字母；而莫尔斯的电报机只需要翻译基于点和划的简单代码。在英国人的电报系统中，有6根发送信号的电线；而莫尔斯的电报机只需要1根。此外，莫尔斯的电报机能把消息记录下来，而英国人的电报系统做不到这一点。尽管在莫尔斯看来差别已经很明显了，但他急于认定自己是电报机发明者和在美国媒体上公开这一成果的心态给他带来了麻烦。发明公示致使他失去了在英国取得专利的机会，而且，审查官根本不愿意仔细查看莫尔斯的申请书中罗列的那些复杂至极的细节。出于这些原因，英国之行并没有让莫尔斯成功取得专利。于是，他又去了法国。

　　他在巴黎也没有取得太好的结果。尽管他的电报机在那里可以取得专利，但法国有一条附加规定，那就是取得专利的发明必须在一年内被积极地应用。一开始莫尔斯是有可能建立起整个电报系统的，但后来这个可能性不存在了。俄国也没能给他带来任何安慰。莫尔斯在国外待了将近一年，浪费着改进电报机的宝贵时间，1839年4月他两手空空地回到美国。

尽管莫尔斯在1840年6月20日获得了美国专利，但他建设电报网的工作仍然没有进展。在1837年大恐慌之后，经济萧条的阴霾笼罩着国会和整个国家所有新的创意，使它们处于冬眠状态。1841年4月，莫尔斯又把他的注意力从发明转移到竞选纽约市长上，这次他的政治纲领还是本土主义和反天主教，结果他再次遭遇失败。竞选活动结束后，他把空闲时间全部花在为电报机四处奔走上。然而，他的提案依然没什么进展。于是，这位前政治候选人为了获得关注，去了华盛顿。他遭遇了官僚机构一次又一次的拖延。1843年1月23日，他写道："我还在等待，等待。"几天之后，他说这种悬而未决的状态"变得越发诱人又痛苦"。

一个月后，也就是在1843年2月21日，这项提案终于获得了审议机会，却遭到了嘲弄。一位直言不讳的众议院议员认为，莫尔斯的电报机是超自然的存在。19世纪40年代，磁铁在江湖疗法中的应用日渐增多，而公众对于磁铁原理的认知水平很低。在1843年2月23日进行投票时，莫尔斯的电报机提案仅以6票的优势获得通过（89票赞成，83票反对，70票弃权）。

胜利的果实虽然甜蜜，却很短暂。由于莫尔斯取得的成就，他被邀请出席参议院的听证会。然而，时间逐渐耗尽，参议院的会议很快就要结束了，而在他之前还有几百份议案尚未审议。莫尔斯不眠不休地守在参议院，3月3日也就是最后一天晚上，患有慢性胃病的他坐在走廊里，陪伴他的只有口袋里的最后"一枚硬币"。如果议案未获通过，他担心自己会像西西弗斯一样，不得不再次把这块立法的巨石推上山，而且要在他还没饿死的情况下。看着排在他前面的一大堆立法议案，莫尔斯觉得自己的电报机议案接受听证的可能性已经很小了。他不忍心看到自己11年的成果就这样毁掉，在他的议案接受听证之前，他费了很大的力气站起来，走回酒店去打包行李。

第二天早上，莫尔斯在吃早餐的时候碰到了同事、美国专利局局长亨利·埃尔斯沃思十几岁的女儿安妮·埃尔斯沃思。尽管遭遇种种不幸，但莫尔斯每次见到她都很开心。安妮是来祝贺他的，他的议案在最后时刻获得通过，无人反对，并经由总统签署生效。莫尔斯获得了3万美元（相当于现在的90万美元）的资金，用于修建华盛顿与巴尔的摩之间长度超过40英里的电报线路。

听到这个消息时，莫尔斯的沮丧情绪瞬间消散，并代之以一种奇妙的愉悦感。沉浸在意外之喜中的莫尔斯给小信使送了一份礼物，他答应安妮可以在他的电报线路上发送第一封正式电报。现在他要做的就是架设好线路，用于传输由电信号组成的消息。

随着议案正式生效，莫尔斯的目标变成了用他的电报系统将华盛顿特区与巴尔的摩连接起来。获得资助的莫尔斯组建了一个团队，其中包括管理设备的韦尔先生、提供科学支持的盖尔教授，以及新加入的负责安装电线的詹姆斯·费希尔教授，莫尔斯则负责记录预算和进度。他们的计划是将包裹着防护铅管的线路网埋入地下，然而，埋管并不是一件容易的事情。几番争执之后，莫尔斯发现了一家有能力的铅制品厂家，还认识了一个名叫埃兹拉·康奈尔的年轻人，康奈尔能用他那像刀一样的犁在土里挖出一条放置管道的沟渠。尽管挖沟的工程一直在推进，但还是落后于莫尔斯的原定计划。

小的问题就更多了。1843年12月，由于电线不合格和管道渗漏，莫尔斯不得不开除了费希尔，盖尔因为身体欠佳而辞职，户外工程则因为冬天的到来而停滞。直到春天，莫尔斯才再次开始施工。但在停工期间，他受到政客 F. O. J. 史密斯的诱骗，陷入一场阴谋。史密斯是一个骗取政府项目资金并借机中饱私囊的骗子，和莫尔斯为摆脱史密斯的圈套付出的努力相比，关于电报机的棘手技术难题都变得有趣起来了。

　　1844 年 3 月，线路安装工作得以重新开始，不过这次采用的是不同的施工方式。线路被架设在空中，对电缆的测试也更加频繁。随着线路网离竣工之日越来越近，莫尔斯和他的团队想出了一个吸引公众关注这个新项目的计划。与民主党势均力敌的辉格党打算在巴尔的摩举行会议，宣布副总统人选。新闻界和政界都很想知道结果，但因为所在位置的不同，他们通常要在一天或者更长时间之后才能收到消息。于是，莫尔斯想在几分钟之内把这条诱人的消息带给华盛顿特区那些翘首以盼的人。然而，电报线还差几英里才能通到巴尔的摩。莫尔斯和韦尔想到了一个办法：1844 年 5 月 1 日，有人乘坐火车先将副总统人选的名字从巴尔的摩带到电报线的终点，再由等在那里的韦尔将消息发送给在华盛顿特区的莫尔斯。尽管天上黑压压的雨云限制了他们可以传输的信息量，但莫尔斯的发明还是从玩具成功转变成工具。当韦尔发送的电报到达华盛顿特区时，相比候选人亨利·克莱和西奥多·弗里林海森谁最终胜出，人们更关心消息的传输速度。

　　5 月 24 日，随着电报系统的完工，正式展示的日子终于到来了。大自然为这个重要的日子做出让步，华盛顿特区万里无云，平日里无处不在的湿气也消失不见，微风轻拂，令人心旷神怡。莫尔斯的计划是：他先敲出一串点和划，然后韦尔回复相同的代码。那一天，韦尔在巴尔的摩等待着莫尔斯从华盛顿特区最高法院办公室发送的闪电快信。

莫尔斯兑现了他的承诺，让安妮·埃尔斯沃思选定第一条消息的内容。安妮的母亲笃信宗教，于是安妮请求母亲帮她想一句既能表现对这项发明的敬畏和惊叹，又能体现出它带来的惶恐与不安的引语。于是，埃尔斯沃思夫人选择了《圣经》中的一个段落（来自《民数记》23:23）。安妮递给莫尔斯一张纸条，莫尔斯则将纸上的文字转化为电脉冲信号：

点－划－划，空格，

点－点－点－点，空格，

点－划，空格，

划，空格。

韦尔在巴尔的摩收到这些点和划及其余的短脉冲和长脉冲信号后，给莫尔斯回复了相同的消息——"What Hath God Wrought"（上帝创造了何等奇迹）。这标志着通信业进入了一个新时代。

如闪电般快速传送消息的电报机是一个工程学奇迹，它很快就成为社会架构的一部分，使整个美国凝聚在一起。莫尔斯的成果将服务于国家，并在短短几十年内帮助国民培养出一种获取消息的新习惯。这一点在受人爱戴的美国第20任总统詹姆斯·A.加菲尔德的短暂任期内表现得尤为突出。

总统床边的世界

不过几分钟，刚刚从白宫事务中抽身的詹姆斯·A.加菲尔德总统就无法继续他的夏休了。1881年7月2日早晨，也就是在莫尔斯的第一封电报发出将近40年后，加菲尔德从巴尔的摩和波托马克火车站出发，准备回到他家位于俄亥俄州门托市的农场。在此之前，他先要去威廉姆斯学院参加毕业25周年的同学会，发表演讲，并接受荣誉学位。让加菲尔德高兴的另一件事是，他很快就能见到他的妻子柳克丽霞，患了疟疾的她一直在新泽西州的海边养病。再过几个小时，火车就会把他带到妻子身边，他们将一起感受新泽西海岸的微风。对加菲尔德来说，这一天早该到来了，他总认为自己出发得太晚，因为首都闷热的天气让他感觉自己像附近切萨皮克湾的螃蟹一样快被蒸熟了。身材魁梧的加菲尔德从停在火车站前的马车上跳下来，跑上B街入口的石砌台阶，又穿过摆放在女士候车室前面小而宁静的空间中的一排木制长凳。他在走向大厅的时候听到"砰"的一声，就像鞭炮爆炸一样，紧接着感觉自己右臂的皮肤被撕裂，火辣辣地疼。在他还没想清楚是该还手还是逃走的时候，又响起了"砰"的一声，他的后背传来一阵剧痛，他双膝跪地，随即扑倒在铺着大理石的地面上。

国务卿詹姆斯·A. 布莱恩陪同总统来到火车站，为的是利用马车上的时间多处理一点儿公务。两个人都留着胡子，也都富有魅力，他们肩并肩走进车站，沉浸在如何让新总统加菲尔德被载入史册的谈话中。然而，当布莱恩看到自己的朋友倒在地上时，他们畅谈的那些令人兴奋的想法瞬间破灭，这位经验丰富的政治家、演说家大喊道："我的老天，他被谋杀了。"这次休假回来，还有很多伟大且重要的事情等着加菲尔德去完成。但此时，所有梦想和抱负都跟随加菲尔德的身体一起倒在了地上。

接下来的几分钟极其漫长。加菲尔德抬起头，看到周围都是他不熟悉但见过的面孔，他们是来自车站、街道和附近诊所的10多位医生。他遭受着难以忍受的疼痛，意识时而清醒，时而模糊。医生们一次次地翻转加菲尔德的身体，检查他的伤情，每一次都让他疼痛难忍。在这个过程中，未经清洁的手指和手术探针伸进了他的伤口。检查过后，尽管这些医生没什么把握，但还是向他保证他可以活下来。

最后，加菲尔德被一辆马拉救护车送回到白宫。马车轧过路上的每一块砖时，都给他带来了阵阵疼痛，随着鲜血染红了他的灰色夏装，他的生命似乎也在慢慢消逝。一开始，医生们自信能让加菲尔德活下来，但经过更加仔细的检查，他们开始重新考虑自己的医学意见。除了无休止的疼痛以外，加菲尔德还想着一件事情，那就是他的妻子。他让自己在军队的密友阿尔蒙·罗克韦尔上校给在新泽西州埃尔伯朗的妻子发一封电报。当天柳克丽霞收到那封意料之外的电报时，看到上面写着："总统希望我告诉你他受了很重的伤。"最后一句话是："他还清醒着，希望你马上来到他身边。他说他爱你。"于是，身在新泽西州、与丈夫相距几小时车程的身体虚弱的柳克丽霞有一个任务，那就是快去找他。而徘徊在生死边缘的加菲尔德也有一个任务，那就是看到曙光。

所有认识詹姆斯·A. 加菲尔德的人都认为他善良诚实，意志坚定，而且才智过人。他在俄亥俄州克利夫兰城外的一个农场长大，家境贫寒，后来通过学习摆脱了贫困。他的才华不可估量，出类拔萃。据说他能用一只手将英语短文翻译成希腊语，同时用另一只手把这篇短文翻译成拉丁语。加菲尔德在当选美国第20任总统之前，担任过一所小型学院的院长、北方军的将军和俄亥俄州的众议员。49岁的加菲尔德有着结实的胸膛和明亮的蓝色眼睛，他原本可以成为美国最伟大的总统之一。他像林肯一样在黑人问题上富有远见，像肯尼迪一样是富有魅力和声望的演说家。然而，他也和这两位总统一样，最终死在了暗杀者的枪下。

刺杀加菲尔德的人是40岁的流浪汉查尔斯·J.吉托。他的体重只有130磅①，身材瘦小，事发当天穿着一套深色西装。他有着棕色的胡子、发黄的面色和无神的灰色眼睛。人们都说吉托是个反复无常的人，也是个什么都做不好的失败者。他没有通过法律考试，销售保险不成功，传道不成功，创办报纸也失败了。他没有赚大钱的本领，可他就是不信邪。

在火车站，吉托的口袋里装着一封承认他刺杀总统是出于"政治需要"的信，这样他狂热支持的共和党内的另一个派系就可以执掌大权了。他从伊利诺伊州弗里波特出发，四处奔波，先去了纽约北部地区，又去了芝加哥、波士顿和新泽西州的霍博肯，他在每个地方都是不付租金就走。吉托希望在加菲尔德新政府的数千个空缺职位中谋得一个，他盯上了驻巴黎总领事的职务，于是三番五次出现在白宫。尽管他每次都会被赶走，却从来不知道原因。从某个时候开始，吉托萌生了除掉加菲尔德的想法。他写道："如果总统不挡道，那么一切都会很顺利。"

华盛顿特区的枪击事件发生几个小时后，所有纽约人都知道了这件事。1881年，电报局和报社会把通过电报传来的消息张贴在门外的黑板上，让市民们了解当天发生的事情。生活在农场中的人则聚集在火车站接收信息，因为那里有与铁轨平行的电报线路。人们越来越习惯于在报纸上阅读来自这个国家其他地方的文章。1861年林肯任美国总统的时候，像美联社这样的通讯社都是通过数万英里长的电报线路来传输消息的，这些纵横全美的电报线路都属于西联电报公司。自美国内战以来，与战争和其他异地新闻相关的通信变得非常普遍，电报线路网覆盖了纽约、

① 1磅＝0.453 6千克。——编者注

芝加哥、辛辛那提、圣路易斯、新奥尔良和加利福尼亚州，以及沿途的所有地方。报纸不断刊出大量新闻，提供给渴求获取信息的公众。

当《纽约时报》头版出现"加菲尔德总统遭暗杀者枪击"的标题时，举国震惊，因为人们都很尊敬加菲尔德。尽管他执政才4个月，但他从在国会任职时起就是一位深受人们喜爱和欢迎的演说家了。在他与死神较量的时候，黑人们为他祈祷，因为加菲尔德主张被解放的奴隶拥有跟其他美国人平等的权利；东海岸的移民们为他祈祷，因为他白手起家；西部的人们为他祈祷，因为他在落后的西部保留地长大，是拓荒者的后代。令人惊讶的是，美国南方人也为他祈祷。尽管加菲尔德主张废除奴隶制，但他看重教育和创业。电报传来的有关加菲尔德的消息让不同的群体团结在一起。

第二天，人们站在电报局外，里里外外围了好几层。当看到黑板上"有希望活下去"的消息时，所有人都松了一口气。那篇报道还说："他的体温和呼吸已经恢复正常。"加菲尔德熬过了那一晚，他的妻子搭乘火车在事发当天的夜里来到他身边，他的精神一下子好了很多。柳克丽霞从未离开他的床边，与此同时有越来越多的人日夜守候在电报局外的黑板前。

在白宫里，加菲尔德忠诚的私人秘书——23岁的约瑟夫·斯坦利–布朗负责把电报公告交给媒体，充当着国民与总统之间的桥梁。这可不是什么好差事。日常公告每天发布三次（分别在早晨、中午和晚上），需要事无巨细地通报总统的情况。有些公告是关于加菲尔德睡得怎么样，吃了什么，以及心情如何；偏医学类的公告则侧重于他的体温、脉搏和呼吸情况。大多数公告的篇幅都很短，会告知国民自上次公告以来总统的情况没有明显的变化，或者一切都好。

在接下来的几周里，大多数公告带来的都是好消息。人们从公告中了解到，加菲尔德总统心情很好（1881年7月7日）；吃了"固体食物"（7月17日）；舒适而开心（7月29日）；享受了安稳的午睡（7月31日）。7月24日，医生们告诉公众，加菲尔德接受了中弹部位的手术。这些医生都认为那颗子弹是加菲尔德的主要病因，于是不顾一切地寻找它。他们甚至还寻求了亚历山大·格雷厄姆·贝尔的帮助，因为贝尔不仅发明了电话，还发明了一种当金属靠近时就会发出声响的金属探测器。7月26日，贝尔去到白宫探望加菲尔德，仔细听了听弹孔附近位置的声音。但是，暗杀者射入总统身体的子弹并未被找到。

以官方公告形式发布的消息不断从白宫传来。8月1日，在遇刺近一个月后，公告说加菲尔德"感觉好多了"。总统似乎就快痊愈了，国民们对此充满了希望。8月上旬，连续几周的公告都在说加菲尔德度过了"美好的一天"，其中有一天的公告甚至提到加菲尔德"睡得很香"。总统对国民们的这些反应感到惊奇，他开玩笑说："我想人们一定厌烦了以这种方式听到我的消息。"但事实恰恰相反，国民们都希望了解总统的情况并与他保持联络。《纽约时报》报道说，从总统遇刺那天开始，"来自全国各地和欧洲的电报就源源不断地涌入白宫"。内战之后，尽管美国分裂了，但沿着电报线路传来的有关加菲尔德的最新消息又让这个国家融为一体。

1881年8月的华盛顿特区很热，随着温度升高，国民们越发担心总统的身体状况。8月25日早晨的公告直接告知美国民众："目前正在认真考虑让总统离开华盛顿的问题。"尽管医生们想让加菲尔德远离酷暑，也想缓解公众的担忧，但他已经病得卧床不起了。他一直在发烧，面部因为唾液腺感染而肿胀，还要忍受持续的"胃部不适"。内战期间做过将军的加菲尔德对他的妻子说："这场跟疾病的战斗可比在战场上打仗可怕多了。"

尽管有关加菲尔德的病情公告基本上都很乐观，但事实上并非如此。据说这是因为加菲尔德要听公告的内容，而医生们不想让他担心。总统看着自己的病历说道："我一直对明确的细节和确定的事实有着敏锐的感知。"他像个局外人一样研究着自己的病情，但病历、公告和报纸中的内容帮了倒忙，让他确信自己命不久矣。加菲尔德的体重从220磅减少了近一半，只剩下130磅了。

9月初，加菲尔德想搬到新泽西州海岸，这样他就能离大海近一些。尽管他从小就想成为一名水手，但他的家乡——位于内陆的俄亥俄州——除了运河上的工作之外，并不能给他提供合适的机会。人群聚集在铁路两边，公告也一直在向国民传递着情况，告诉大家总统胃口不错（1881年9月11日），咳嗽也减轻了（9月12日）。16日夜里，他的脉搏出现波动。18日，他出现了持续一小时的"严重寒战"和出汗症状，而且"非常虚弱"。

1881年9月19日晚上11点30分，传来一份毫无征兆的公告："总统于晚间10时35分逝世。"詹姆斯·A.加菲尔德总统在与伤口感染抗争80天后离世，此时距离他的50岁生日只有几周时间。人们当然想知道他的死因，公告给出的说法是"心脏上方部位的剧痛"。在一个海边小镇上，加菲尔德面对着深爱的大海停止了呼吸，电报则把整个世界都带到了他的床边。

尽管加菲尔德担任总统的时间很短，但他在弥留之际仍然产生了深远的历史影响。通过电报电缆传来的实时信息让数百万美国人见证了他的勇敢，也让他成为"镀金时代"真正的明星。《纽约晚间邮报》说："耐心躺在病床上的他征服了整个文明世界。"到了9月，加菲尔德知道自己时日无多，在一个安静、适合沉思的夜晚他问密友罗克韦尔上校："你认为我的名字会被载入史册吗？"罗克韦尔回答说"当然"，并向加菲尔德保证他将活在"人们心中"。加菲尔德确实产生了一定的影响，但并非他和罗克韦尔预想的那样。随着他的去世，人们对消息传播的频率、质量和快捷性都越来越习以为常。

尽管吉托说他刺杀了加菲尔德，但他也可以说"加菲尔德死于治疗失当"。这两种说法都有一定的道理。加菲尔德背部的子弹并未击中他的脊柱、关键动脉和重要器官，而是被安全地卡在胰腺旁边的脂肪组织中。但是，多次在他伤口内部和附近出现的未经清洁的手指和手术探针则携带了导致伤口感染的有害细菌。如果使用了英国外科医生约瑟夫·李斯特推荐的石炭酸抗菌剂，加菲尔德本来是可以活下来的。因此，杀死加菲尔德的不仅仅是子弹，还有落后的医疗条件。

加菲尔德只当了200天的美国总统，并因为遇刺而被载入史册。尽管他在总统任期内没有改变国家的机会，但他在病榻上通过电报公告将美国民众团结在一起。电报机的发明者塞缪尔·F. B. 莫尔斯曾预言，全美各地的电报线路将创造出"一个就在你身边的美国"。通过他的亲身经历，莫尔斯深知快速传递消息和更频繁地了解发生了什么事对于人们而言的紧迫性。在莫尔斯敲出开创通信新时代的"上帝创造了何等奇迹"这条消息之前，他急切地发送了很多没什么诗意的内容。在测试电报机期间，因为越来越习惯于快速交流而感到无聊的莫尔斯常常发消息给韦尔，问他："你有什么消息吗？"

在加菲尔德去世几十年后，电报机触达生活的方方面面，并且覆盖了全美各地。远距离传递消息的电线也从铁线变成了铜线。很快，电报机就会像承载液体的容器一样，开始改变它所承载的对象。

电报与海明威风格

年轻的欧内斯特·海明威来自美国中西部，他不留胡子，高大健壮，虽然很有抱负，但并不渴望上大学。他出生于1899年，也就是电报机诞生近70年后，从小他的母亲就发现他"什么都不怕"。1917年高中毕业后，他就离开了伊利诺伊州奥克帕克的宁静环境，放弃了按部就班的出生、上学、结婚、生子、工作和死亡的人生轨迹，去到位于家乡西南方向500英里的地方。带着车票和行李箱，以及无限的热情和活力，身材高大的海明威登上火车，于10月15日到达密苏里州堪萨斯城崭新的联合车站。这个铁路枢纽是很多旅客的出发站，但对欧内斯特·海明威来说，这里是他的终点站。他在全美最好的报纸之一——《堪城星报》工作了几个月，这段经历让他在电报机的帮助下不知不觉地改变了美国语言的使用习惯。

作为茫茫都市中一名新手记者，海明威在这几个月里见到的人比他过去18年在家乡见到的还要多。堪萨斯城是一个犯罪率高、贪腐横行且以爵士乐闻名的地方，它的复杂性让这座城市里的所有人都很紧张，特别是海明威，因为处在新闻采集"食物链"最底端的他，总是在警察局、犯罪现场和急诊室里进行采访。他的消息来源包括各种职业的人，有医生、赌徒、警察、娼妓、殡葬业者和小偷等。写报道的时候，海明威会冲到新闻编辑部的打字机前，在送稿付印的人把文章"抢走"之前快速地打好文稿。

多年以后，当回忆起在《堪城星报》工作的日子时，海明威说那里是他磨炼写作技艺的地方，他在那里掌握了"写作生涯中学过的最佳法则"。海明威遇到了一位良师益友——堪萨斯城著名的报社记者莱昂内尔·莫伊兹，他告诉海明威"纯粹客观的写作是讲故事的唯一形式"。海明威获得的另一条建议并非来自某个人，而是来自《星报文体范例表》上的一份清单，其中列出了关于写作方式的100多条提示。从一开始，这份清单就明确了报纸编辑想要的内容。它的第一条提示是：

> 使用短句。首段要简短。语言有力。要积极，不要消极。

《星报文体范例表》中简洁的建议为记者们起到了很好的示范作用。在这张三列的表格中，还有一些更具体的法则：

> 删去所有多余的词。
>
> 避免使用形容词。
>
> 谨防措辞老套。

既然新闻编辑希望语言精练，海明威就把文章写得短小精悍。即使像《堪城星报》这样的报纸也需要低成本的文章，因为信息流动受到报纸技术的限制。除了打字机和石印机以外，电报机也促使文章篇幅变得更短。

塞缪尔·F. B. 莫尔斯从1832年（海明威去《堪城星报》工作的几十年之前）开始研发电报机。在为华盛顿特区的国家元首做展示前的准备期间，他总是责备年轻的助手阿尔弗雷德·韦尔。"语言再精简一下，"莫尔斯说，"尽量把'the'去掉。"莫尔斯和韦尔先手写出文字，再把它们翻译成点和划，然后发送给对方。为了更快地传递消息，莫尔斯认为韦尔必须精简内容，要求他删掉多余的部分或无意义的冗余单词，比如介词或华丽的辞藻。就这样，莫尔斯凭借他的电报机成为美式英语的打磨者。

后来，莫尔斯的电报机对新闻传播产生了深远的影响。在他发明电报机之前，各个城市的报纸为了获得大洋彼岸的消息，都会派记者去码头。这些记者等待着船的到来，收集到新闻后再用马、火车、船或者信鸽把报道传回总部。然而，随着电报机的发展，只要几分钟就可以知道原本要花几个小时才能收到的来自远方的消息。遗憾的是，尽管这项新技术具有快捷通信的优势，但也有一个很大的缺陷。在聪明的托马斯·爱迪生想到办法让2条（后来是4条）消息同时沿线路传递之前，电报线每次只能传送一条消息。因此，当有事情发生或者携带消息的船只到达时，心急的记者们都会冲到电报局。来自波士顿、纽约、密苏里州和弗吉尼亚州的报社记者只能像在只有一个付款柜台的地方一样，排队等待自己的报道被录入然后发送。为了缓解这个过程中的阻塞状态，人们制定了两条规则：第一条限制了消息发送的时间（通常最多15分钟），另一条则明确要求消息必须简短。

电报公司在成立的时候，构建了一套激励顾客简化消息从而保持电报线路畅通的定价结构。对于前10个单词，它们按照统一标准收费，而多出来的每个单词按照该标准的1/10收费。依据这样的定价结构，一个人从华盛顿特区往巴尔的摩发送一条10个单词的消息要花10美分（相当于现在的3美元）。传送距离越远，收费就越高。所以，同一条消息从华盛顿特区发送到费城要花30美分（相当于现在的9美元），发送到纽约则要花50美分（相当于现在的15美元）。这样的定价结构促使顾客压缩他们要发送的消息，他们也对此表示理解。到了1903年，半数的电报都不超过10个单词，一条消息的平均单词数为12个。1844年，当莫尔斯发出第一封只有4个单词的正式电报"What Hath God Wrought"时，他似乎不仅引用《圣经》中的预言宣告了一个新时代的到来，也树立了文字简洁的标杆。

企业对电报的使用量是最大的，因为它们负担得起这样的服务。1887年，电报业将近90%的收入都来自商界（包括商务通信、股市交易和赌马），剩余部分则几乎全部来自报纸，因为私人用户的占比非常小。在美国人口中，只有2%的人会利用电报来沟通家庭事务。尽管企业接受了电报，但整个社会仍持回避态度。发送一封电报的费用几乎是一个劳工周薪的1/10，除非事态紧急，人们还是更喜欢通过写信来保持联络。出于这个原因，当家里收到电报时，恐惧感也会随之而来，因为那大多带来的是坏消息。远离家乡的兄弟姐妹可能会收到这样的电报："父亲去世，速回。"为了换取速度，大段的文字像橙子一样被挤压，删除了感觉和情绪用语。在这种糟糕的情况下，失去亲人的人希望看到更多的内容。但在同情心与简洁性的较量中，前者并没有获胜。消息中的人性被榨干，因为电报无法传递更多的内容。

毕竟，莫尔斯电码的发明就是以简洁性为前提的。莫尔斯根据每个字母的使用频率，为它们选择点和划的组合。他统计了报纸上一篇文章中不同字母的数量，发现字母"e"出现的次数最多，所以他用一个点来表示它。字母"i"出现的次数排第二，所以他用两个点来表示它。简洁性也融入了莫尔斯和韦尔的通信。他们俩都习惯于手写很长的信，然而，在可以快捷通信后，他们对破译句子中那些无意义的词越来越没有耐心。他们写给对方的信和电文都越发简短，而且逐步形成了一套简略的表达方式。莫尔斯在消息中常用"t"表示"the"，用"un"表示"understand"（理解），用"b"表示"be"。莫尔斯写信对韦尔说："精简你的消息，但不能影响意思。"然后，他又创造了一套几乎无法被破译的代码，其中"ii"表示"yes"（是），"1"表示"wait a moment"（等一会儿），"73"则

表示 "best regards"（诚挚的问候）。

一段时间之后，为了提高通信速度，电报局专用的标准代码出现了。一本名叫《秘密通信词汇》(*The Secret Corresponding Vocabulary*) 的词典中列出了数千个单词用首字母加一个数字表示的方法，比如 "w.879" 表示 "wire"（线），"w.889" 表示 "wisdom"（智慧），而 "w.899" 表示 "wishful"（渴望的）。1879年，又出现了一套报纸专用的代码——菲利普斯电报代码，编制代码的人名叫沃尔特·P. 菲利普斯，他是一名新闻记者兼报务员，后来成了美联社社长。这套代码在新闻界非常受欢迎，美国人至今还在使用其中的很多缩写词。像 "POTUS"（美国总统）、"SCOTUS"（美国最高法院）和 "OK"（俄克拉何马州）这些由电报造就的词，会让人回想起那个简洁即美德的电报时代。

电报篇幅的局限性塑造了报纸的语言，而喜欢这种短小朴素文章的海明威打从心底里接受了这种风格。在《堪城星报》工作6个多月后，海明威离开了。第一次世界大战正在进行，他渴望参与其中。他打算参军，结果因视力不好而落选，于是他带着在《堪城星报》学到的写作经验去了意大利，成为红十字会的一名救护车司机。随着时间的推移，海明威作品的成功使得他的简短陈述句成为一种典型的美式文学风格。几代人之后，英语和文学教师会鼓励学生们采用海明威的写作风格，不知不觉地扩展了电报的影响范围。

美式语言风格的简洁性还源于美国内部一种要与英国划清界限的强大驱动力。在通过独立战争确立了领土界限之后，美国在语言上也实现了独立。尽管美国和英国的母语相同，但也存在拼写方面的差异（比如，表示"轮胎"的"tire"和"tyre"；表示"中心"的"center"和

"centre"；表示"颜色"的"color"和"colour"），习语方面的差异（比如，祈求好运的时候，英国人会说"touch wood"，美国人则会说"knock on wood"），以及发音方面的差异［比如，"schedule"（日程）、"privacy"（隐私）和"vase"（花瓶）等词］。此外，英国和美国的口语也存在有意且明显的差别。英式英语中包含语调悦耳但饶舌的短语，而美式英语则倾向于找到最简短的说法。英式英语听起来博学又有修养，而美式英语听起来亲切又随和。

1848年，也就是莫尔斯的第一封电报从巴尔的摩送达华盛顿特区的4年之后，《民主评论》杂志的一位匿名作者分析了电报对文学作品的影响，并希望电报能让当时的语言变得更精练。他提出："难道期待这项发明对美国文学产生影响是一种奢望吗？"很明显，书面语言的风格经历着一场革命，那种"句子套句子，包含逗号、分号、冒号和破折号等各种符号"的长难句正在被相对简短的句子取代。人们都觉得长难句"拖得比整篇文章还长"，直到句号出现让这句话（还有读者）摆脱痛苦。这位作者期待电报"简明、扼要、直白"的风格能让写作更接近完美，他也期待公众在看到报纸上的电讯之后，愿意采用这种具有"美国佬式直率"特点的电报风格。他的愿望实现了。在电报和其他因素的作用下，和把海明威带到联合车站的长火车一样长的句子消失了，取而代之的是更加精练的语言。

1844年5月，塞缪尔·F. B. 莫尔斯在华盛顿特区为电报机的展示做准备，他有些恼火，因为阿尔弗雷德·韦尔没有经常性地向他报告进展情况。被自己的发明宠坏了的莫尔斯，越来越习惯于电报机成就的即时通信。他对通信的渴求很明显，如果他几天都没收到韦尔的消息，就会写很多封谴责信给韦尔："没收到你的信，我有点儿失望。"在莫尔斯生活的年代，信件要花很多天（有时是好几个星期）才能从一个地方到达另一个地方，然而才几天没收到信，莫尔斯就会表现得很焦虑。如今的学者们也在被一种类似的焦虑和一个意料之外的结果所困扰，这个罪魁祸首就是莫尔斯发明的电报的后继产品——短消息。

每当谈到即时通信，人们都会提及并且担心的一个问题是：语言会如何向更坏的方向发展？有趣的是，现在的语言学家和学者并没有那么担心语言压缩或者牛津逗号（序列逗号）去留的问题。研究显示，学生们可以做到在使用个人通信设备和完成作业时自如切换书写方式。尽管语言形态的变化不会困扰研究语言及其结构的人，但很多人担心这种沟通方式可能会产生什么更广泛的影响。美利坚大学的语言学家和教授内奥米·S. 巴伦警告说："现在正在发生一些可怕的事情。"

塞缪尔·F. B. 莫尔斯用电报机带领我们踏上了即时通信的道路，电子邮件、短消息和所有的社交媒体都是电报机的后继产品。不过，我们的这些通信设备有一个缺点。巴伦说："在线交流正在极大地削弱社交的效用。"交流不只是文字、酷酷的缩写和精心挑选的动态图片，交流也不只是表达意思，它还能让我们知道别人的意思。当我们在彼此远离的情况下发送消息时，即时通信会带来一种新风险。巴伦指出："这很危险，因为我们会忘记如何与对方有人情味地相处。"

我们在面对面交谈的时候，能从对方那里获得信号。然而，当我们在网上交流时，"会忘记从另一个人那里得到提示，以判断对方有没有理解自己的意思，这是一件重要的事情。"巴伦说。当和他人在线上聊天时，我们无法获得那些真实的信号，也就不可能知道他们是紧张、茫然还是想要打断我们。动态图片、表情符号和颜文字都无法传递这种信息。美国人发送短消息的数量逐年大幅增加，而我们也正在快速失去一些东西。我们说服自己即使没有那些非语言信号也可以很好地交流，但事实上并非如此。另外，在线交流还引发了21世纪的一种新型紧张情绪，类似于莫尔斯在19世纪与韦尔进行电报交流时经历的那种。"如果没有即时回复，我们就会越来越焦虑。"巴伦说。

脸谱网的一位前任高管曾说，这个每天为数十亿人服务的网站是一个巨大的错误。哈佛大学的一个大二学生在宿舍里编写的程序虽然创造出莫尔斯所称的"大社区"，但在很多方面都具有破坏性。我们因即时通信而失去的是读懂对方的表情和进行面对面交谈的能力。人类是社会性动物，所以对我们来说，现实交谈比虚拟对话更好，现实中的朋友比网友更好，面对面的交流也比在线交流更好。社交媒体让我们变成了不合群的人，我们失去了文字层面以外的沟通能力。借助设备（比如，最早的发短信机器——电报机）进行的沟通把无形的人情味压榨殆尽，幸运的是，现实的对话可以把缺失的部分补回来。

"如果不进行人际交流，"巴伦说，"你建立同理心的机会就会很少。如果社会中没有了同理心，那么我们会变成什么样呢？"

第四章

拍摄

感光材料如何以可见和不可
见的方式记录我们的生活？

一个关于马的问题

一个人想让摄影师为他的马拍一张奔驰时的照片。这个要求看起来很简单，但19世纪70年代在摄影棚里拍摄肖像照片要花很长的时间，被拍摄者需要表情严肃且一动不动地站或坐将近60秒。否则，当镜头盖打开的时候，画面中的人像就会变成模糊的重影。感光材料的局限性使得摄影师很害怕给婴儿拍照，因为他们知道孩子一扭动，就会变成照片中面色严厉的母亲腿上的一团浓雾。如果有人快速地从照相机前面走过去，他是肯定不会被拍下来的。这就是那时候摄影师无法给运动中的马拍照的原因。然而，提出这个要求的不是别人，而是加利福尼亚的洛克菲勒——利兰·斯坦福。对他来说，没有什么是不可能的。

斯坦福在担任了两届加州州长之后，成为中央太平洋铁路公司的总裁，修建了横贯大陆的铁路往东的部分。他将政治与利润混为一谈，以罪恶的方式积累了大量的财富。斯坦福很珍视财富为他带来的马和房子，他提出给马拍照的要求也正是因为他的家。按照当时的习惯，斯坦福想给自己位于萨克拉门托的像宫殿一样的宅邸拍照，于是，他聘请了来自旧金山的摄影师埃德沃德·迈布里奇。迈布里奇当时42岁，留着棕色的沃尔特·惠特曼式胡须。但很快，斯坦福谈论的内容就从他豪华宅邸的内部装饰变成了他马厩中的马。

斯坦福推测，马在奔跑的过程中会在某一刻四脚腾空，处于"无支撑通过"的状态。但他需要证据，因为斯坦福的那些百万富翁朋友纷纷取笑他的这个想法，他们认为如果马四脚离地，肯定会摔在地上。后来这种调侃升级为一个赌注为2.5万美元（大约相当于现在的50万美元）的赌局。为了挽回面子，斯坦福需要一张照片作为证据，于是他聘请迈布里奇为他拍摄。尽管迈布里奇不太确定自己能否为运动中的马拍照，但他很确定所有艺术家都希望遇到一位富有的赞助者，也想要一个充分展示自己技艺的机会，最终一举成名。迈布里奇怀着成功的梦想，从英国来到美国，在找到他最擅长的职业之前换过多份工作。斯坦福的要求是这位摄影师能够抓住的最好机会，于是，迈布里奇用他的饱经风霜的手握住了斯坦福肥硕的手，一边摇晃一边小声说着"好的"。

迈布里奇是旧金山最出色的摄影师之一。大胆的他常去荒无人烟的地方拍照，比如太平洋海岸、约塞米蒂（国家公园）和阿拉斯加。他的身体条件也很适合从事这个职业，因为健康强壮的迈布里奇常常要随身携带超过100磅的装备——拍摄和冲洗照片所需的全部东西。除了一瓶瓶化学药剂，他的装备还包括很大的木质相机、易碎的玻璃底片、水桶、用作暗室的帐篷、价格不菲的镜头和结实的三脚架。迈布里奇是一个古怪的人，他长着蓬乱的胡须和看起来常常处于震惊状态的蓝色眼睛，他喜欢独自驾着骡车到远离文明世界的地方去。

斯坦福想给他的快马"Occident"拍张照片，这匹马的速度曾引起了全国性关注。内战结束后，随着破碎国家的重建，"Occident"和一般意义上的赛马成为一项全民消遣。不仅美国被分裂成南北两个部分，发展较早的东部和相对落后的西部之间也出现了裂痕。"Occident"从一匹运土的小马成长为赛马场上的四足王子，它一举成名的励志故事让加州变得全美闻名，也让各地的人们产生了共鸣。

1872年，迈布里奇带着他的摄影器材来到斯坦福位于萨克拉门托的马厩，他试图拍下"Occident"奋力奔驰的样子。迈布里奇对玻璃底片进行了处理，目的是让它们变得对光线更敏感，能在他作为暗室的帐篷中捕捉到图像。他把糖浆状的火棉胶倒在玻璃底片上，并像端着煎锅的厨师一样来回晃动底片，使其完全被火棉胶覆盖。接着，他把玻璃底片浸在可以保留影像的硝酸银溶液中。之后，迈布里奇把底片放在一个避光容器中，然后走到照相机旁。"Occident"被套在一辆双轮马车上，车上还有一个车夫，它小跑了一英里，扬起了40英尺高的尘土。它交替抬起对角线方向的两对蹄子，以破纪录的速度——2分20秒——跑完了一英里。为了给"Occident"拍照，迈布里奇必须保证拍摄时相机里的玻璃底片是湿的，因为一旦变干它们就会失去留存影像的能力。尽管迈布里奇原本最担心的是化学药剂的蒸发问题，但现在更让他忧愁的是马的速度。

迈布里奇在拍风景照时，会设置好放有湿玻璃底片的相机，并把镜头盖取下几秒钟后再装回去。在第一次尝试给奔驰的马拍照时，迈布里奇像往常一样打开和关闭镜头盖，但什么都没拍到。在第二次尝试时，他更快地打开和关闭镜头盖，底片上出现了模糊不清的图像。这样的结果看起来充满希望：彻底破解马奔跑真相的可能性让斯坦福非常兴奋，而把更多有自己名字的剪报加入剪贴簿的可能性让迈布里奇备感振奋。但那张照片的颜色太浅，无法印刷，要想得到一张可辨别的照片，则需要花更多的钱和更大的力气。斯坦福提供了资金，并提议将多部相机排成一行，以捕捉马在奔驰过程中的不同运动状态。迈布里奇听从了斯坦福的建议，并着手准备下一次拍摄，但有一件事打断了他的工作。

迈布里奇的私生活很复杂。他和一名女子结婚，并因此陷入了一场三角恋。在忙于为"Occident"拍照期间，他杀死了情敌，摆脱了这场三角恋，并被关进监狱。三天后，收到"无罪"判决的迈布里奇动身前往中美洲，去完成他在枪杀情敌之前受雇进行的拍摄任务。几年之后，1877年夏天，迈布里奇又开始为马拍照。他先后在萨克拉门托和旧金山进行实验，之后来到斯坦福的帕洛阿尔托畜牧场。

在枪杀情敌之前，迈布里奇通过短暂地打开镜头盖来拍摄奔跑的马，得到了模糊不清的照片。为了在玻璃底片上清楚地看到马的图像，并且像琥珀中的昆虫那样定格它的运动状态，相机需要在更短的时间内更快地曝光。为了实现这一点，迈布里奇从雪茄盒上取下两块木板，制作了一个装置。他把木板水平地钉在两根小木条上，木板之间像梯子的横档一样留有2英寸的缝隙。之后，这些板条被放置在一个托架中，在这个装置里，板条可以像窗户一样上下滑动，并且通过橡皮筋来固定。然后，他把这个装置放在相机前面，让下面的板条遮住相机镜头，这样就可以拍照了。

当马跑过的时候，迈布里奇拉动一根绳子，松开那些板条，它们像断头台上的刀一样落下。缺口处会以"躲猫猫"的方式通过镜头，随即第二个板条落下，再次遮住镜头，使得光线只能短暂地进入相机。利用这个新快门，相机可以捕捉到马的瞬间运动状态，并将影像定格在玻璃底片上。拍照结束后，迈布里奇立刻把底片拿到暗室中进行冲洗。在他头顶上方，有一个用红布盖着的洞，从中透过的光不会影响成像质量。

在给运动的马拍照的过程中，迈布里奇使用的相机数量从1部增加到12部，后来又增加到24部。迈布里奇在采用高速快门的时候，需要大量光线以另一种方式进入照相机，这可以使马的形态在玻璃底片上更加"醒目"。于是，他在一段赛道上布置了一个户外摄影棚，赛道的一边是照相机，另一边是背景板。背景板被涂成白色，并且像梯子一样倾斜放置，这可以将更多的阳光反射到相机所在的方向。赛道上也撒满了白色粉末，增加了路面的反光性，从而使更多的光线进入镜头。迈布里奇巧妙利用自己身边含银的化学物质、阳光和快门，对它们稍加改进后抓拍到了奔驰的骏马。由于不断测试，橡皮筋很快就达到了快门的速度极限。幸运的是，迈布里奇从当时的技术热潮中找到了替代方案——电铃。

要想在几分之一秒内捕捉到马的影像，就必须有更迅速的快门。为了弥补弹性橡皮筋的缺陷，迈布里奇把目光转向了电。当时电器开始进入人们的日常生活，其中在欧洲引起轰动的一项发明是电铃。只要按下按钮，电流就会通过电磁体，拉动铃舌，发出铃声。27岁的约翰·D. 艾萨克斯是利兰·斯坦福铁路公司的一名工程师，他以这项新技术为基础，想出了一个更迅速地触发快门的方法。借助电流闪电般的速度，电磁体猛地拉动挡住快门的门闩，让它以比眨眼还快的速度落下。至此，迈布里奇的相机准备就绪了。

在地面以上齐胸高的位置，迈布里奇设置了12根横跨赛道的线，它们分别被系在那12部相机上。为了拍下马的完整步伐，相机之间的距离是均匀的。当马像冠军一样胸部撞线时，被拉长的线使相机附近的两块金属触碰到一起，电流流入电路并触发简易摄影棚中的一部相机的快门，留下一个画面。紧接着，又一根线被拉长，下一部相机的快门被触发，又留下一个画面。一连串的相机好似井然有序的射击场，它们在几分之一秒内完成拍摄，揭示了马身体中的关节结构。

这些覆盖着硝酸银的玻璃底片共同展示了马奔驰过程中的每个阶段。

在暗室中完成冲洗工作之后，迈布里奇高兴地走出来宣告："我拍到了马四脚腾空的照片。"

他处理过的玻璃底片上各有一个模糊的图像，在12张照片的白色背景上都出现了马的剪影。照片显示出，在某个瞬间马确实四脚腾空。不过，他为将运动定格在玻璃底片上付出的努力，产生了更加深远的影响。迈布里奇拍摄下转瞬即逝的一刻，人们对拍摄和捕捉每个瞬间的渴望则变成了堆积如山的照片。

这一切都始于一匹奔驰的马。

在西海岸，当不愿意融入社会的迈布里奇在摄影领域取得重大进展的时候，一位社会精英也在东海岸完成了对摄影技术的革新。迈布里奇的名字被载入史册，但东海岸的这位发明家始终未能得到应有的评价，他就是汉尼拔·古德温牧师。

牧师的烦心事

在新泽西州纽瓦克市的祈祷教堂，每当汉尼拔·古德温牧师布道的时候，总会有400名做礼拜的教徒挤在那里的木制长凳上。古德温是一位颇具影响力的演说家，在19世纪80年代，他的声音就像教堂的钟声一样，铿锵有力、穿云裂石。这位身材高大、留着白胡子的牧师戴着一副夹鼻眼镜，他和自己的信众之间有着深厚的感情。礼拜仪式结束后，教堂里的很多教徒都会为了和他说上话、得到他的祝福或者听到他的一句智慧之言而迟迟不愿离去。然而，随着时间的推移，布道结束后教徒与古德温神父交流的机会越来越少。一有空当，他就从临近的门回家了。人们原本并未在意他忙些什么，直到发现他的手上布满了橙褐色的斑点，他白色法衣的底部也有类似的污渍。传言很快就演变成"主教派牧师尽管有王子般威严的仪态，手掌却像乞丐一样令人作呕"的闲话。

古德温并不理会周围人的窃窃私语，他推开家里的大门，吃力地爬上两段木质台阶，来到他在阁楼上的化学工作室，这里是他个人世界的中心。1868—1887年，他住在位于布罗德街与府州街交汇处的普卢姆楼，离教堂仅10步远。在顶层阁楼拱形的天花板下，象牙色的墙上布满了和古德温手上颜色相同的污渍。房间的一边有一个壁炉，两侧各有一个窗户。古德温在屋顶上开了一个5英尺宽的洞，让阳光照射进来，以便于他白天进行科学实验。到了晚上，他在油灯下工作。

每当古德温的妻子丽贝卡在楼下叫他时，他都用沉默或者简短的话语作为回应。他难得从他的工作室里出来吃饭，那也是他的妻子和他们领养的几个孩子得到他关注的唯一机会。他喜欢的东西很少，只有食物、神和年龄最小会众的宗教福祉。他还在客厅里教主日学，正是课堂上的一次意外让他除了睡觉，其他时间都待在阁楼里。

那一次，古德温想在课堂上展示与他讲的圣经故事相匹配的照片。于是，他请求会众和教区购买一套被称为"幻灯机"的光投影系统。他的要求得到了满足，也获得了一些展现美国奇特风光的照片，但其中描绘《圣经》相关场景的照片很少。幸运的是，古德温是一名摄影爱好者，他非常愿意亲自用玻璃底片拍摄与《圣经》有关的照片，并展示给年幼的信众。

19世纪80年代，进行摄影的人都要有像古德温那样强壮的体魄才行。沉重的装备既需要大象般的力量，也需要蜘蛛般的优雅，因为在随身携带重型装备的同时，还要防止脆弱的玻璃底片破裂。找到适合拍照的地方后，古德温会在一个黑暗的帐篷中取出一块很重的玻璃底片，然后把它浸泡在满满一桶对光敏感的化学药剂里，为拍照做准备。随着摄影技术的进步，有时他也能买到表面已经涂上了一层厚厚的化学物质的玻璃底片。拍完照后，古德温会用其他化学药剂冲洗底片，将影像保留下来。经过一番辛劳和努力，他终于获得了可以分享给在他家客厅里上主日课的那些孩子的照片。

古德温对自己的成果很满意，但遗憾的是，他发现玻璃底片和孩子们无法"和平共存"。当他的小助手们把这些易碎的底片插入幻灯机时，玻璃总会裂开或者破碎。在很多幻灯片都坏掉之后，尽管收到了最真诚的歉意，但古德温的耐心逐渐耗尽。他开始想办法，尝试创造出足够结实且不易破损的照片。

正是这个问题让古德温在阁楼中花费了他所有的空闲时间，让他成为家人和信众眼中的陌生人，也让他的双手和衣服上沾染了污渍。他一直在努力研制一种既可以保留影像，又不会被压碎的可弯曲的塑料底片。

尽管这位虔诚的主教派牧师看上去可能不太像发明家，但他的头脑很聪明，他的双手也很擅长修补东西。1823年4月，汉尼拔·古德温出生在纽约州伊萨卡城北10英里的一个名叫尤利西斯的小镇上，在芬格湖群畔的一个农场里长大。小时候的他是个无可救药的调皮鬼，据说他最淘气的一次是，在和父亲徒步旅行时，遭到一只被他激怒的黑熊的追赶。古德温的恶作剧从来都没有恶意，但仅凭创造性思维似乎不足以做到这一点。

古德温找到他的人生方向的过程好似一只弹球的运动轨迹。1844年，他先去了耶鲁大学法学院，后来又去了康涅狄格州米德尔敦的卫斯理大学，但最终他选择了斯克内克塔迪的联合学院，并在那里学习了各种各样的通识类课程（从英语到化学）。1848年取得学士学位后，他感知到神的旨意，为了成为一名主教派牧师，他进入纽约协和神学院学习。古德温成为牧师后，曾在宾夕法尼亚州、新泽西州和加利福尼亚州的纳帕工作过，之后他回到新泽西州纽瓦克定居下来，成为祈祷教堂的第五任教区牧师。

1870年，拥有10.5万人口的纽瓦克既是一个制造业中心，也是很多重量级实业家的故乡。托马斯·爱迪生在搬到宁静的门洛帕克之前，就住在纽瓦克。纽瓦克也是约翰·韦斯利·海厄特的家乡，他在赛璐珞公司研制出一种被称为"赛璐珞"的新型塑料。面世之后，赛璐珞逐渐取代了象牙，用于制造台球、梳子、衬衫领、袖口、纽扣、钢琴键和玩具。古德温认为这种大众化的材料或许也可以作为他的幻灯片的载体。海厄特出售由赛璐珞制成的片状、棒状和管状产品，以及一种清漆。他的公司位于古德温家向南一英里的纽瓦克米堪尼克街47号，古德温驾着马车去那里买了一些赛璐珞。

汉尼拔·古德温获得了研制照片底片所需的各种化学用品。他希望底片能像头发丝儿那样纤薄，为了做到这一点，他运用了科学知识。"我上大学时学过一点儿化学知识。"古德温说，"我在几乎一无所知的情况下开始做实验，把从未组合过的化学药品和有机物混合在一起。"

古德温打算先将一块硝化纤维溶解，再让它像雪景球里的雪一样从溶液中析出，形成一个薄片。他最终也是这样做的：他先将硝化纤维溶解在液态硝基苯中，得到黏稠的浆状物，再用酒精和水稀释这种混合物，然后把它倒在玻璃板上进行干燥。所有这些成分都有助于得到纤薄的塑料片。硝基苯和酒精的角色就像龟和兔一样，硝基苯蒸发得慢，而酒精蒸发得快。两种液体的组合使得硝化纤维能扩展至整块玻璃板，并慢慢从溶液中析出，像稳定的降雪一样覆盖玻璃表面。

经过近10年的尝试（有一次还差点儿把阁楼炸掉），古德温为他发明的一卷塑料底片申请了专利。那时他刚刚达到牧师的退休年龄，正在考虑他的新生活和未来的财务状况，因为他之前很少存钱，把钱全部花在了贴补家用、救济穷人和完成化学实验上。当他看到有杂志说需要"像纸一样轻，像玻璃一样透明"的底片时，他确信自己的发明对摄影师来说一定有用。古德温的发明不仅满足这些标准，长长的一卷底片还能让摄影师快速拍照。他认为获得专利将会给他带来巨大的经济利益，但他不知道的是，当时最富有的人之一——伊士曼柯达公司的乔治·伊士曼有同样的想法。

1887年，做了20年牧师的汉尼拔·古德温准备从祈祷教堂退休。他的健康状况已大不如前，无法继续布道了。闲下来的古德温整天待在阁楼里，不断完善着他的底片。随着时间的推移，他研制的塑料底片的长度从10英尺增加到30英尺，最后达到了50英尺。很快，他就可以申请专利了。

随着1886年暴风雪灾害带来的积雪逐渐消融，在番红花盛开的早春时节，古德温完成了专利申请的收尾工作。1887年5月2日，他向美国专利局提交了题为《摄影薄膜及其制作流程》的专利申请书，在其中描述了薄膜的创意和制作方法。然而，这位牧师杰出的布道能力并没有帮助他写好这份法律文件。大多数专利申请书的篇幅都不会超过50页葱皮纸，而且语言非常精练。而古德温的申请书不管是看上去还是读起来都像《圣经》一样，这导致他的研究成果被搁置在专利审查员的收件篮里。

　　为了加快申请流程，古德温去了位于华盛顿特区的专利局好多趟，但专利局就像那些在玻璃板上进行干燥的底片一样，是不可能仓促行事的。

　　古德温一边等待专利局的答复，一边忙于其他发明。他还写信给照相机与胶片制造商乔治·伊士曼，请伊士曼为他的17英尺长的样品做涂层和感光处理，因为他相信自己的创意不会被抄袭或剽窃。好奇的伊士曼在给古德温的回信中，询问了很多有关古德温的发明成果的问题。古德温将他使用的化学药剂的来源据实以告，还送了一些原料给伊士曼。对在等待专利局答复的古德温来说，这样的书信往来让时间的流逝过得很快，也让他离未来稳定的财务状况更近了一步。

　　在古德温提交专利申请的2年后，乔治·伊士曼于1889年4月6日向美国专利局提交了通过使某种化学液体延展并蒸发得到底片的工艺流程的专利申请。几天之后，4月9日，伊士曼公司的一名员工——化学家亨利·赖兴巴赫也就同样的工艺流程提交了专利申请。专利审查员发现古德温、伊士曼和赖兴巴赫的专利申请内容过于相似，决定按程序确认最早的发明者。伊士曼撤回了他的申请，留下古德温和赖兴巴赫一决胜负。在接受调查的过程中，古德温阐明了自己的理由，还带来了1887年制作的底片样品。根据这些证据，专利局认定古德温是最早的发明者，并允许他继续完成申请流程。古德温感觉自己胜利了，但他不知道还有更多的工作待完成。当伊士曼公司获得这项发明的优先权时，古德温还在想着"整件事已经尘埃落定"。但他错了。

　　善良的古德温并不知道，他在无意中进入了一场棋局，他的对手是世界上最大的垄断企业之一。对于专利审查员给出的如何改进从而确保专利申请通过的建议，一味沉浸在胜利喜悦中的古德温完全听不进去。

专利审查员也为赖兴巴赫提供了建议，于是赖兴巴赫将申请书中的配方缩减到只包含一定量的硝化纤维和樟脑。而古德温未做任何调整。

1898年12月10日，赖兴巴赫成功获得了专利，而古德温的申请被拒绝了。

古德温试图挽回这一结果，他又去了几趟专利局，花光了仅有的钱，只想弄清楚怎样才能获得专利。他想要专利，或者是一个合理的解释。尽管没有任何解释，但专利审查员给了古德温一些关于如何再次尝试申请专利的建议。

专利审查员建议古德温在他的专利配方中加入樟脑，但古德温"没用过一丁点儿樟脑"，也不喜欢樟脑带来的那种"斑斑点点的样子"。然而，一心获得专利的古德温听从了专利审查员的建议。事实证明这是一个无法挽回的错误，在专利配方中加入樟脑的做法打开了一个法律上的潘多拉魔盒。古德温需要证明他的发明不是由樟脑和硝化纤维制成的赛璐珞，因为他不可能凭借某种已经存在的东西获得专利。这让古德温离他的发财梦越来越远，古德温一边准备着堆积如山的文字材料，一边写信给朋友说："我不仅越来越老，还越来越穷。"

在与赖兴巴赫的专利之战中，古德温是失败的一方，并且陷入了一个不断修改和被拒绝的恶性循环当中。在1892年、1895年和1897年，他三次提交了新的专利申请，但都遭到了拒绝。1896年，古德温有了新的律师——德雷克公司的查尔斯·佩尔。佩尔在1897年提出申诉，并将申请书提交给主任审查员。出人意料的是，1898年7月8日，专利局撤销了之前的决定，这为古德温获得专利铺平了道路。古德温的律师们都能证明，古德温对专利申请书进行的所有修改都在专利配方的原始描述范围内。而且，古德温能证明他在提交专利申请时已经制造出底片，因为他在第一次接受调查期间展示过。当时乔治·伊士曼证实，他本人直到1888年还没有研制出令人满意的底片。

1898年9月14日是个星期三，75岁的古德温不顾病体，从家赶到4英里外的德雷克公司，在佩尔及其同事面前发表了庆祝他取得新专利的讲话，并发现自己仍然可以长时间地进行即兴演讲。他对律师们说，他相信"尽管众神转动磨盘的速度慢到几乎令人绝望，但他们最终通常会磨出有价值的东西"。

古德温一获得专利，就像《圣经》中的大卫一样去找他的歌利亚——伊士曼，打算用石头击倒这个巨人。伊士曼一直在根据古德温的配方制作底片，侵犯着古德温的专利权。佩尔及其公司控告伊士曼侵权，这让古德温离获得可让他和丽贝卡安享晚年的储备金更近了一步。佩尔和古德温草拟了一份很长的名单，列出了除伊士曼的公司之外其他使用新型胶卷的公司，为侵权诉讼做准备。当佩尔详细讲解他的策略和计划时，古德温立刻回答说："哦，好的，好的，好的。"

他们的计划是在纽瓦克建立一家名叫"古德温胶卷和照相机公司"的工厂，生产摄影胶卷。然而，人行道上的一条裂缝改变了这一切。1900年夏天，古德温在蒙特克莱尔大道上的新家附近，从一辆有轨电车上下来时绊了一下摔倒了。他庞大的身躯（身高超过6英尺，体重240多磅）沉重地倒在地上，摔断了左腿。之后他一直未能恢复，还患上了肺炎，于1900年12月31日去世。

尽管处于"身体和精神都遭到重创"的状态，古德温的妻子丽贝卡还是接过丈夫留下的重担，建立了公司，并使其与一家更大的公司合并为安东尼和斯科维尔公司（后来的安仕高）。新公司与伊士曼·柯达公司仍有侵权纠纷，1902年还把官司打到了州地方法院。经过多次延期和上诉，1914年3月10日，这个案子以古德温胜诉而告终，古德温的继承人和公司共获得了500万美元（相当于现在的1.2亿美元）的赔偿。古德温已经无法享受这一切了，他年老体弱的妻子丽贝卡也一样。在判决书下达的几个月之后，丽贝卡去世了。

汉尼拔·古德温为了让主日学课堂上展示的照片变得生动有趣，付出了很大的努力，最终像大卫打败歌利亚那样取得了成功。这位牧师通过他的亲身经历发现摄影并不是单纯地为了孩子们拍摄照片，而是会带来很大的负担。在古德温赢得官司的几十年后，摄影技术再次陷入了纷争，它的起因尽管也和学龄儿童有关，却是一场文化斗争。这一次，摄影技术的不单纯不仅体现在摄影行业中，还嵌入了化学式。

曝光不足

20世纪60年代，美国的黑人妈妈们发现学校里看似单纯的拍班级合照的传统不太对劲。每年，孩子们都会为了拍摄班级合照穿上自己最漂亮的衣服，记录下童年的重要时刻。然而，这些黑人妈妈从孩子们带回家的珍贵照片中看到了某些东西。在1954年美国最高法院通过"布朗诉托皮卡教育委员会案"的判决废止了学校的种族隔离政策之后，彩色照片中肩并肩坐在一起的黑人孩子和白人孩子被拍出了不一样的效果。这些在照相机前竭尽全力保持不动的小家伙经过了底片的校正，白人孩子看上去和平时的样子差不多，黑人孩子则失去了面部特征，变成了一个个墨斑。底片无法同时捕捉到深色和浅色的皮肤，因为底片配方中包含着一个未被发现的偏见。几十年来，由于学校之前实行种族隔离政策，黑人孩子和白人孩子会分开拍照，所以底片的这个缺点一直不为人所知。但随着种族隔离政策在学校被废止，黑人妈妈们发现彩色胶片把黑人小孩留在了暗影中。

2015年，两位在伦敦工作的摄影师——亚当·布鲁姆伯格和奥利弗·沙纳兰深入研究了这种旧式彩色底片，想弄清楚它为什么无法捕捉集体照中各种族小孩的模样。对底片进行测试后，他们发现"这种底片并没有进行满足整个曝光范围的调整"，而只对白色皮肤做了优化。从元素周期表成为大多数化学书的常规内容开始，专门负责提取各种颜色的化学药剂就已经存在了。在这种底片的化学成分中，元素的组合存在着隐秘的不公平性，也就是相比某种颜色更偏向于另一种颜色。这就是彩色底片中的秘密，也是班级合照中孩子们的脸看起来大不一样的原因。

在过去，拍照一点儿也不简单。风景照很难拍，不仅因为要携带很重的设备，还因为大多数化学药剂和拍摄手法都是自创的。摄影师埃德沃德·迈布里奇在拍摄加州美丽的天空和高山时，利用他自行涂覆在玻璃底片上的化学药品拍出了黑白照片。通过遮住镜头的上部，明亮的云的曝光时间变短，这样它们就不会在冲洗后看不见。一代人之后，黑白照片的拍摄技术变得系统化，弗雷德·阿契尔和安塞尔·亚当斯发明了区域曝光法，也就是用11张从白到黑的不同颜色的卡片来确定合适的曝光量。包含其中每一种色度并且有更多种色度集中在中央的构图，很有可能实现最亮的白色与最暗的黑色在一张照片中的和谐共存。然而，当摄影从早期的使用黑白两色胶片演变到使用先进的彩色胶片时，色彩的平衡问题就变得十分复杂，因为要尽量兼顾明暗（黑和白）和色彩（青色、洋红色和黄色）。稍稍调整某一种颜色就会影响另一种颜色，进而影响到第三种颜色。面对这样的情况，色彩科学家找到了一种让有些人的生活变得简单，却给有些人带来烦恼的方法。

色彩科学家设计了一张色彩平衡速查卡，里面有印刷业和电视业使用的颜色标准。有了它，照相机拍出的照片不管是印刷在广告牌、杂志或麦片盒上，还是出现在电视广告中，看起来都是一样的。这张色卡就像诊所里的视力表一样，出现在艺术家、设计师、摄影师和摄影机操作员的工作室中。最常见的一种色卡上印着一个深褐色头发的白人女子，她拥有一双淡蓝色的眼睛，脸上露出淡淡的微笑，身后是一堆各种颜色的枕头。艺术家、设计师、摄影师和摄影机操作员的工作是，让照片或屏幕中的图像颜色与色卡中的颜色相匹配。每个拍摄对象的颜色都要根据这张色卡进行调整，就连人物的肤色也要和色卡中的女子一样白。于是，这张以模特的名字被命名为"雪莉卡"的色卡限制了人们创造其他色调的机会，致使深色皮肤很难被呈现出来。

由于使用这种标准色卡的简单决定，和雪莉肤色不一样的人拍出来都有些许问题，因为底片根据她的肤色进行过优化。这就是为什么比雪莉的肤色更青、更红或更黄的地中海人、拉丁美洲人或亚洲人，在照片中看起来就像外星人或烧伤患者一样。肤色越深，拍出来的照片就越异乎寻常，在有些情况下看起来有点儿超自然，在有些情况下肤色则会完全变黑。"这种技术以微妙的方式体现着其诞生地的意识形态。"摄影师奥利弗·沙纳兰说。在雪莉卡的影响下，模特雪莉的脸和肤色都成了美丽的标准，也使得班级合照中的白人孩子和黑人孩子看起来很不一样。

早期用银版照相法拍摄的大幅肖像和迈布里奇拍摄的风景照片很不一样，基于受控的光线条件、特殊的化学药剂和比玻璃底片更高的分辨率，前者更擅长呈现人物形象。这使得早期在复刻某个人的长相时，摄影和其他方式被选择的机会是均等的。在银版照相法中，底片上简单涂覆一层碘化银是将人脸永久定格在黑白照片上的方法。它唯一的缺点是，拍摄对象要一动不动地站很长时间，才能让皮肤反射的光改变玻璃底片上银的化学键。由于整个化学过程很简单，而且通常可以在家完成，所以任何人都能用这种方式拍照。

废奴主义者和演说家弗雷德里克·道格拉斯将摄影吹捧为伟大的民主媒介，原因在于，和肖像画不同，任何人在他人生的任何阶段都可以给自己拍张照片。"即使是周薪只有几先令的卑微女仆，"道格拉斯写道，"现在也可以拥有比贵夫人甚至王室成员更完美的照片。"在19世纪，道格拉斯对这项新技术怀有很深的赞赏之情，还在演讲中称颂"达盖尔①将这个星球变成了一个照片廊"。尽管道格拉斯预言了我们所处的这个社交媒体时代的样子，但在那个时代他只知道照片很重要。

道格拉斯一生在美国和英国发表过数百次有关奴隶苦难生活的演讲，这些都是他的亲身体会。他会面对着大批民众讲上几个小时，在那个电视尚未出现的年代，这很常见，人们会一边野餐一边听他演讲。他似乎永远不知疲倦，在不做演讲的时候，他常去照相馆拍下自己帅气的面孔，让肖像照成为他的代言人，去纠正19世纪人们对美国黑人的刻板印象。

到19世纪中期，弗雷德里克·道格拉斯成了当时地球上拍照次数最多的人，他的照片数量超过了马克·吐温、尤利西斯·格兰特乃至林肯。

---

① 达盖尔：法国物理学家、画家和实用照相法最早的发明家，1839年向法国科学院展示了达盖尔银版（照片）法。——编者注

道格拉斯用他和善的面孔去回应那些针对美国黑人的不堪言论，从美国法律规定一个奴隶等于3/5个人起，[①]道格拉斯就一直试图展现出黑人最好的一面。他希望白人通过他的照片了解黑人。由于他是混血儿，所以尽管他的皮肤是黑色的，相貌却类似于欧洲人。看过道格拉斯照片的人会说他的鼻子像盎格鲁−撒克逊人，姿态威严，有王者气派。道格拉斯希望用自己的照片消除人们认为黑人野蛮的印象。

然而，到了19世纪末，也就是道格拉斯生命的最后几年，发生了一些事情。当时胶片摆脱了"厨房化学"的状态，走上制造商大量生产的商品之路，道格拉斯第一次爱上了摄影。随着胶片制造商的标准配方从简单的化学组合变成了复杂的分子式，胶片可以聚焦于被完美捕捉的一组拍摄对象，同时忽略其他对象。

20世纪早期，研究美国黑人历史的杰出学者W. E. B. 杜波依斯看到了塑造黑人正面形象的希望。比道格拉斯晚出生50年的杜波依斯发现，他生活的时代与道格拉斯的时代已经不一样了，黑人拍摄照片是一件很难的事情。他写道，白人摄影师会"把他们拍得很糟糕"，平等地服务所有人的自制相片也变得很少。整个国家长期以来沉迷于拍照，像伊士曼柯达那样的公司用数英里长的胶片和胶片冲印服务满足了这种需求，但作为消费品的胶片在拍摄某种肤色的消费者时呈现的效果比另一种肤色的消费者要好。

道格拉斯和杜波依斯都想用照片去对抗报纸和杂志上黑人的刻板印象，也就是黑色脸孔上只看得见眼睛和牙齿的夸张形象。19世纪，随着

---

① 此处指：根据美国1787年宪法，各州人口数"按自由人总数加上所有其他人口的3/5予以确定"。——编者注

摄影技术的发端，这种形象短暂地消失过一段时间，因为早期的黑白相片可以清晰地呈现黑人的真实形象。然而，后来出现的彩色胶片所用的化学药剂是为美化白色皮肤的拍照效果而研制的，用于拍摄黑人的面孔时则会变得曝光不足。于是，黑人脸上可辨识的特征就只剩下眼睛和牙齿，这成为让道格拉斯和杜波依斯痛恨的刻板印象。20世纪后期，这种负面形象在学校孩子们的合照中再次露出它丑陋的模样。

20世纪的新闻报道表明，彩色胶片的主要生产商柯达公司尽管意识到自己的胶片有问题，却不予理会。在20世纪五六十年代，解决黑人妈妈们的投诉可能是有预见性的行为，因为那时民权运动刚刚开始。尽管黑色很美，但当时的状况难以改变。不过，当有大公司就柯达胶片大做文章并为了宣传而大量买入时，一切都改变了。两个原本没有太大关系的行业——家具制造商和巧克力生产商——对柯达胶片区别对待暗色的行为提出了抗议。

这两个行业不仅都要生产深棕色产品，还都有让人一目了然的精美细节。巧克力生产商需要用照片中各不相同的牛奶巧克力、半甜巧克力或黑巧克力去吸引顾客，家具制造商则需要用照片中的榆木、胡桃木或者橡木桌子去吸引正在构筑梦想之家的新婚夫妇。于是，柯达的员工们努力改进胶片，研发了新的胶片配方，并通过拍照进行测试，有人还因为食用拍照用的巧克力而发胖。尽管黑人妈妈们的投诉无法促使柯达公司做出改变，但这些公司的投诉可以做到。到了20世纪70年代末，更具包容性的彩色胶片配方进入了研发阶段，改进后的柯达金胶卷在接下来的10年里一直在市场上出售。

为了宣传新产品，柯达不希望人们关注旧胶片区别对待拍摄对象的问题，于是他们宣称新胶片能够拍摄到"昏暗光线下的黑马"。这个浪漫的描述指的不是埃德沃德·迈布里奇在19世纪拍摄的那匹奔跑中的"Occident"，而是表示较深的肤色可以在这种新胶片上完美呈现出来。这一次柯达公司消除了配方中的偏见，使得深色的家具、深色的巧克力和深色的皮肤都能被拍下来。

　　胶片不仅定格了影像，也定格了文化中的偏见。拍摄应该是正对着在相机前摆好姿势的拍摄对象，轻松地捕捉美好瞬间的事情。然而，在相机前摆姿势并不总是令人愉快的，有时还会让人觉得压抑。尽管很多美国人不知道，但美国的胶片公司及其胶片技术都在国外为邪恶的事业服务。多亏了20世纪70年代一位研究胶片的年轻化学家，这种不法行为才被公之于世，而且她做的事情产生了更大的国际影响力。

罪恶的拍摄

　　卡罗琳·亨特从课桌上抬起头，注视着她十年级的历史老师瓦尔德先生，并聆听着他说的每一句话。1962年，"V先生"（学生们都这样称呼瓦尔德）一连几个星期都在努力引起学生们的注意，鼓励他们积极参与民权运动，从而在政治上唤醒新奥尔良的年轻人。然而，他的敦促没有得到任何回应，因为对这个镇上的种族隔离区来说，他可以说是一个闯入者。瓦尔德先生身处白人修女和在全黑人的泽维尔大学预备天主教高中任教的黑人教师中间，他既不是黑人，也不是神职人员。但在他布置了阅读讲述南非生活的《哭泣的大地》(*Cry, the Beloved Country*) 的作业后，这本书引起了小卡罗琳的共鸣。她记住了书中的段落，把它们抄写在她的《代数Ⅱ》课本上，并在心里默默诵读。尽管这本小说反映的是 8 000 多英里之外的地方在种族隔离政策下黑人的苦难生活，但那些情况和她在新奥尔良的生活很像。坐公交车去上学的时候，车上会有一个指示牌告诉她只能坐在后面；逛百货商店看到自己喜欢的裙子时，店员会告诉她不能买；在餐馆门前停下脚步看着烤架上的汉堡包时，服务员会告诉她不能在柜台边吃。《哭泣的大地》和瓦尔德先生讲的课给她留下了深刻的印象，直到青少年时期的琐事取代了这部分记忆。

卡罗琳家有 6 个孩子，她的母亲是一个虔诚的天主教徒，向她灌输了做正确的事和受教育的重要性。卡罗琳聪明开朗，可以在几乎不需要换气的情况下说上很长一段话。卡罗琳有灿烂的笑容、深棕色的皮肤和烫过的短波波头，差不多 5 英尺高的她对自己的大部分照片都不太满意。她考入路易斯安那州新奥尔良的一所天主教黑人大学——泽维尔大学，学习化学专业。她没时间参加课外活动，为了支付学费，她不得不在图书馆里上班。毕业后面对可选择的工作机会时，卡罗琳很开心能远离从小长大的地方。她可以选择的工作单位包括：路易斯安那州的一家炼油厂，新泽西州的一家制药公司，马萨诸塞州的一家胶片制造商。最后，她选择了其中尽可能往北的一个，从 1968 年秋天开始成为美国最受欢迎的公司之一——位于马萨诸塞州坎布里奇的宝丽来公司彩色摄影研究实验室的一名化学家。

在 20 世纪 60 年代，宝丽来就像 20 年后的苹果公司一样，是创新的代名词。这两家公司都拥有极具魅力的领导者，分别是苹果公司的史蒂夫·乔布斯和宝丽来公司的埃德温·兰德（据说，兰德获得专利的速度仅次于爱迪生）。兰德和乔布斯小时候都是神童，也都是大学肄业生（乔布斯从里德学院退学，兰德则从哈佛大学退学）。兰德从不阻止员工尊称他为"兰德博士",尽管他读完大一就离开了哈佛大学,而且从未毕业。这位害羞、喜欢抽烟斗的天才白手起家创立了宝丽来公司,最初的产品是用于预防车灯眩光和在太阳镜中阻挡紫外线的偏光塑料,所以起了宝丽来这个名字。他的下一项重大突破是即时显影摄影术,这正是卡罗琳研发的技术。

卡罗琳将化学药剂混合起来,制造出后来出现在所有人的圣诞节购物清单上的产品——即时显影彩色相机。拍完照后,照片会从两个滚轴之间离开相机。相机的白色框架底部有软软的像黄油一样的糊状物,其正式名称为"goo"(意为黏性物质),它被喷到感光胶片上,完成显影。卡罗琳调制的化学混合物不到1分钟就可以使影像如魔法般显现,仿佛阿拉丁的灯神显灵。

1970年9月的一个秋日午后,卡罗琳和她新交的男朋友肯·威廉斯去吃午餐。肯是宝丽来的一名摄影师,身材高瘦,留着胡子,是个比卡罗琳年长的美国黑人。他自学成才,是宝丽来最出色的艺术家之一,凭直觉习得了在学校里学不到的技巧。他知道如何淡化和强化色彩,那就是把胶片包放在腋下暖和一下,或者放在雪里冷却一下。肯能进入宝丽来的摄影部门完全靠运气。在马萨诸塞州沃尔瑟姆的宝丽来工厂里,有传言说一个做过看门人的相机胶片装配工拍出来的照片很漂亮。宝丽来的一位高管看到这个人拍的照片后,就把他调到了位于坎布里奇的宝丽来总部,这个人就是肯。在那里,进入艺术部的肯负责展现宝丽来产品的美。同样是在那里,肯遇到了卡罗琳。他们简直是绝配:他高她矮,他开放她谨慎,他朴素她时髦。尽管他们的年龄和受教育程度有差异,但他们就像爵士小号和鼓一样完美互补。

　　他们俩在坎布里奇主街上不同的建筑里工作，相距三个街区。在这个名叫肯德尔广场的地方，他们只要沿着马路一直走，然后穿过麻省理工学院的小路就能遇见对方。肯在一座现代的玻璃大厦的一层工作，卡罗琳则在奥斯本街街角的一座三层旧砖楼的二层工作，兰德博士的办公室就在一层。那是一个有历史意义的地标，托马斯·A. 沃森正是在这里接到了亚历山大·格雷厄姆·贝尔从波士顿的一个房间打来的第一通双向"长途"电话。所以，这是一间配得上兰德的非凡头脑的办公室。

　　卡罗琳出发去找肯，各种气味让她灵敏的鼻子应接不暇。从实验室里飘出来的化学气味竟然有点儿好闻，类似于加油站的气味。在大楼外面，从附近工厂飘出来的气味也让她沉醉其中。从西边吹来的阵阵微风带来了新英格兰糖果公司工厂里巧克力、薄荷和根汁汽水糖令人愉悦的甜香。然而，与这些令人愉悦的气味并存的，还有来自屠宰场和轮胎回收厂的恶臭味儿。

　　肯的办公室是摄影师的聚集地，润滑脂铅笔、小型放大镜和金属直尺遍布所有平整的地方。两人往外走的时候，肯穿上了夹克，以抵挡新英格兰地区秋天不断下降的气温。他们一边走，一边像往常一样开着玩笑。但他们的对话突然被打断了，因为他们在门口的公告栏上看到了一个不寻常的东西。

　　公告栏上钉着一张身份证样卡。尽管照片中的脸很眼熟，但文字很陌生——"南非共和国，矿产部"。肯转身对卡罗琳说："我居然不知道宝丽来在南非也有业务。"她回答道："我只知道南非对黑人来说是一个糟糕的地方。"

　　看到"南非"几个字，瓦尔德先生在十年级历史课上讲的内容，以及青少年时期深深打动过她的那本书，就像宝丽来胶片上瞬间显现的影像一样浮现在卡罗琳的脑海中。她知道南非是地球上的一个充满压迫的黑暗角落，因此她想弄明白宝丽来为什么会在南非有业务。美国人上一次听到有关南非发生暴行的消息是在1960年，也就是10年前，当时电视上播出了沙佩维尔大屠杀（警察杀死70名抗议者）的新闻。尽管暴行在南非仍有发生，但新闻中很少提及。最近的消息来自1969年，当时联合国就南非的种族隔离政策发表了一份措辞严厉的报告，建议企业和国家"停止与南非政府合作"。

尽管人们说一张图片等于千言万语，但公告栏里的这张照片不仅没能为他们提供足够的信息，还引发了许多的疑问。午餐结束后，他们决定着手了解更多的情况。

一连两周，卡罗琳·亨特和肯·威廉斯下班后都会去图书馆，他们想尽可能多地搜集有关南非的情况。卡罗琳利用她在大学图书馆勤工俭学期间练就的技能，从好几英寸厚的书和数英里长的报纸微缩胶片中找到了很多有用的信息。他们发现南非是一个警察国家，南非黑人的行动受到一种通行证的控制。这种通行证是一本共计20页的装订证件，里面包含持有者的所有信息：住址、可以工作的地方和可以去的地方。一个黑人如果没有通行证，就要支付很高的罚金或者在监狱里做长达一个月的苦工。通行证的核心信息是一张用宝丽来相机拍的照片。

南非除了用通行证监控着1 500万黑人的行动之外，与其配套的通行证法还像水龙头一样，依据劳动力需求的变化控制着黑人在白人聚集的市中心的进出。当农场需要人手时，通行证法就会收紧，迫使黑人留在田地里。当战争时期需要工人时，通行证法则会变松，促使黑人进入城市的工厂。当钻石矿场需要男性矿工时，通行证法会再次收紧，迫使他们留在采石场。当不再需要黑人时，他们会被送回种族隔离区或定居地，从而将白人和黑人分隔开。

1966年，宝丽来研制出ID–2相机。这是一种无须暗室或者化学药剂，就可以在60秒内生成身份证和官方文件专用的双色照片的照相系统，它让拍摄通行证和官方文件专用照片的工作变得越来越简单。手提箱大小的ID–2设备一个小时可以拍摄数百张照片，南非的350个通行证中心各有一台这样的相机，再加上数千箱胶片，可以轻松拍下1 500万黑人的照片。这让南非在那个GPS（全球定位系统）尚未出现的时代，就可以掌握每个黑人的行踪。

1970年10月1日，星期四，在阅读了他们能搜集到的所有关于南非的信息之后，肯拜访了他在总部认识的一位高管，并汇报了他了解到的一切。在这几周里，卡罗琳和肯的调查热情越发高涨。然而，管理层的反应很冷淡，他们一开始自称不知道公司是否在南非有业务，之后又说即使有规模也很小。他们要求肯收集更多的信息，再开一次会进行讨论。但肯不想听这些敷衍的话了，因为他掌握了宝丽来在南非有业务的确切证据，他只想看到实际的行动。他认为这件事已经急迫到不容做进一步讨论的程度了，尽管公司在10月3日组织了第二次会议，但肯没有露面。他和卡罗琳决定为此做些什么。

10月4日，星期日，他们俩来到卡罗琳所在的宝丽来奥斯本街实验室，在门卫室签了到，并带进去一叠纸。在来实验室之前，他们借了一台打字机，设计了一张清楚介绍宝丽来在南非业务情况的传单。然后，他们去布鲁克林街上的激进报纸《老鼹鼠》那里，用油印机复印出许多份传单。伴随着吃力的"吧嗒——吧嗒——吧嗒"声，带着墨香的传单一张接一张地印出来。进入实验室后，他们把一部分传单贴在了宝丽来的公告栏和厕所隔间门后，把剩下的传单放在了高管专用的停车场。之后，他们在门卫室签退离开，去享受他们余下的周末时光。

星期一早上，肯从卡罗琳在布鲁克林街的公寓接上她，走到她的办公楼前时他们看到有灯在闪烁——坎布里奇和宝丽来警局的警察正在那里等着他们。警方之所以高度警惕，部分原因是美国由于频繁的反越战抗议活动和当年5月肯特州立大学发生的枪击事件而处于戒备状态。除此之外，还有一个原因是，他们的传单内容不容忽视，首先是正文中使用了黑豹运动的一则标语，其次是他们最后在页眉处匆忙写下"宝丽来在60秒内囚禁了黑人"。

宝丽来的高管们像受到孩子挑衅的无原则父母一样，最终还是允许卡罗琳和肯继续上班，并希望他们不再胡闹。

卡罗琳·亨特和肯·威廉斯自称"宝丽来革命工人运动"（PRWM）先锋，他们按照瓦尔德先生讲过的民权行动计划，正式发起了旨在敦促宝丽来退出南非的运动。对宝丽来的这两位黑人员工来说，想改变公司的发展方向无异于用小船去推动油轮。但宝丽来很注意保护自己的企业形象，这个弱点使得整件事演变成一场争取舆论支持的斗争。宝丽来筑起了一道"防御墙"，像推倒耶利哥之墙一样推倒它则是PRWM的任务。

10月6日，宝丽来公司发起反击，给所有员工发了一份备忘录，声称没有向南非政府出售过照相机，管理层也坚称公司在南非"没有公司，没有投资，也没有员工"。这在某种程度上的确是事实。宝丽来在南非有一家分销商——弗兰克和赫希（私营）有限公司，这家在10个城市设有分销渠道的公司从1959年起就成了宝丽来的代理商。宝丽来于1938年进入南非，通过当地的廉价劳动力获利，在更早的时候还有另一家分销商——宝丽来兹南非公司为其销售产品。于是，肯和卡罗琳用另一份传单驳斥了宝丽来的声明。

接下来该宝丽来出招了。然而，10月7日，肯和卡罗琳发起"突袭"，把他们的运动从散发纸质传单升级为一场政治集会。当天中午，在科技广场549号宝丽来总部的露天广场，200多位观众在椴树下听了卡罗琳·亨特、肯·威廉斯和克里斯·恩塔（在哈佛大学神学院就读的南非黑人）的演讲。当天早些时候，宝丽来给所有员工发了第二份备忘录，态度有所改变，声称公司从1967年以来只在南非出售了65台ID–2相机，而且它们只被用于军事目的。但恩塔是证明宝丽来产品在南非被用于办理通行证的一个活生生的例子，他告诉观众，宝丽来的书面声明是"一纸谎言"。

尽管PRWM的人数很少，但影响范围很大，因为它利用积极分子形成的人际网络和媒体去传播消息。报纸、新闻通讯社和电视新闻节目都渴望得到重磅新闻，卡罗琳和肯恰好能满足他们的需求。

在集会上，PRWM提出了他们的诉求。他们用宝丽来公司的信笺给兰德博士写了一封信，希望宝丽来能撤出南非，公开谴责种族隔离政策，并将公司在南非获得的利润用来捐助解放运动。10月8日，卡罗琳、肯与宝丽来的管理层进行了两个小时的激烈讨论，他们反复表达自己的愤怒情绪，并不断抛出有关他们雇主罪行的事实。10月9日，肯被解雇了。

在几个月的时间里，宝丽来和PRWM进行了一场实力悬殊的"网球比赛"，观众们看得津津有味。10月20日，肯去州议会大厦拜访了众议员切斯特·G.阿特金斯，给了他一些传单，并向他报告了坎布里奇最大雇主的所作所为。10月21日，宝丽来发布新闻稿进行回应，声称公司从1948年起就拒绝与南非合作，并着手研究如何停止在南非的胶片销售业务。接着，PRWM打出了一记"ACE球"，在全球范围内发起了抵制宝丽来的活动，呼吁人们在即将到来的圣诞节不要购买宝丽来的相机和胶片。宝丽来利用感恩节前后一场耗资数百万美元的营销活动予以"截击"，并解释了公司在南非的运营情况。尽管PRWM无法匹敌宝丽来的高额宣传费用，但他们一直在制作和散发传单。

在下一个回合，宝丽来直接"上网"，向媒体宣布将根据他们秋天在南非通过一项研究得出的建议，于1971年1月"在南非开展一项实验"，提高弗兰克和赫希公司黑人工人的工资，并为155名黑人员工提供教育奖学金。PRWM用新的传单"击球过网"，指出那项研究不可能弄清楚南非黑人究竟想要什么，因为黑人反对种族隔离政策是会被判死刑的重罪。此外，南非法律不允许工厂中的黑人获得比白人更高的工资，而且黑人们认为教育是政府对下等人进行的意识形态灌输。

为了制止卡罗琳的行动，1971年2月10日，宝丽来在新英格兰地区这个下雨的冬日，通知她无薪停职。2月23日，由于卡罗琳不肯让步，公司解雇了她。尽管她失去了一份月薪980美元的稳定工作，而且在两年时间内不得不领取每周69美元的失业救济金，但她把每一分钱都花在了正义的事业上。她会买每枚16美分的邮票给"思想正确"的组织（比如教堂和大学社团）寄简报，告诉他们如何对抗宝丽来。她一边找工作，一边和肯一起"在清晨和深夜"发传单。

随着抗议声越来越大，加入的团体越来越多，这场运动的影响力不断扩大。宝丽来和埃德温·兰德在哪里，哪里就会举行抗议活动。1971年2月2日，星期二，兰德受邀于下午2点在纽约希尔顿酒店大宴会厅举办的应用物理协会年会上做科学主题演讲，卡罗琳·亨特和肯·威廉斯也参加了。他们受激进物理学家的邀请，在兰德上台演讲前表达了对宝丽来技术的担忧，此举显然激怒了兰德。"我对他们生气的原因是，"因两人的到来而备感震惊的埃德温·兰德说，"他们妨碍了我的个人目标。"2月3日，卡罗琳·亨特和肯·威廉斯在联合国反对种族隔离特别委员会会议上发言。3月8日，当埃德温·兰德在哈佛大学进行有关色觉的技术演讲时，受PRWM影响的大学生要求他先谈谈南非黑人，否则就不让他发言。

理性的埃德温·兰德更愿意待在实验室里，他对公司政治丝毫不感兴趣，更不用说全球政治了。尽管他在实验室里充满灵感，构建了一个完整的创新生态系统，但他对技术在社会中的作用的看法并不积极。1971年，兰德在向股东们介绍宝丽来在南非的新业务计划时说："你们必须做小规模的实验。"他还说："自然科学的作用是教社会科学如何没有负罪感地失败。"兰德最终将会明白，科学家不可能把自己的研究与研究成果的应用割裂开来，而且社会科学与自然科学就像互相搓洗的两只手一样，在彼此协同的情况下才能取得最佳效果。

在卡罗琳和肯第一次张贴传单的7年之后，宝丽来终于撤出了南非市场。卡罗琳·亨特和肯·威廉斯以成为巨人鞋里的小石子的方式，点燃了这场革命，大学和教堂也通过出售宝丽来的股票施加了额外的压力。迫使宝丽来撤出南非的最后一件事发生在1977年，有人发现宝丽来在以一种迂回的方式向南非政府出售相机和胶片。弗兰克和赫希公司的员工英德鲁斯·拿度发现了一张收据，上面显示有几箱未贴标签的胶片被送到南非政府，并通过约翰内斯堡的一家名叫"穆勒药房"的药店完成付款。宝丽来的撤出就像被推倒的多米诺骨牌一样，开启了南非废除种族隔离政策的进程，纳尔逊·曼德拉后来还去美国向阻止南非黑人进一步被控制的PRWM表示了感谢。

　　我们创造的技术并不是无害的，它们的应用也不总是为了更大的福祉。像胶片这样的技术就能反映出当时的一些问题、信仰和价值观。

　　相机胶片的问题不仅限于一家胶片制造商。柯达的胶片无法给学校里的黑人孩子拍照，宝丽来的即时显影胶片也存在类似的问题。人们发现用宝丽来ID–2相机拍摄的照片颜色很暗，原因在于这款产品最初是为中产阶级的白人顾客设计的。为了弥补产品的不足，宝丽来在相机背后增加了一个面部提亮按钮（或者叫"增强"按钮）。一按下这个按钮，闪光灯的亮度就会增加。在不用增强按钮的情况下，肤色深的人除了白色的牙齿和明亮的眼睛以外，脸部的其他细节在照片上几乎看不到。宝丽来之所以增加这个按钮，是为了让他们的产品在黑人占多数的南非市场上获利。

　　2015年，在伦敦工作的摄影师亚当·布鲁姆伯格和奥利弗·沙纳兰对这种增强按钮进行了研究。"黑色皮肤会多吸收42%的光线，"布鲁姆伯格说，"而这个按钮恰好会使闪光灯增亮42%。"每年夏天我们都会体验到深色的吸热性：沙滩上的游客通过穿着浅色衣服来保持凉爽，越深的颜色吸收的热量越多。光线的吸收也是同样的道理，这就是增强按钮似乎可以在拍摄时照亮深色皮肤的原因。

　　这种技术偏见产生的影响持续至今，数码相机的硅像素仍然无法很好地呈现深色皮肤。此外，一些遵循算法指令的网络摄像机也无法识别和追踪黑人的面孔，但在面对白人时可以轻松做到。当肤色差别很大的情侣想一起拍照时，常会发现一个人拍得很好，而另一个人成了一团阴影。爱情或许是盲目的，但技术不该如此。

　　底片、相机以及其他技术的创造者所经历的一切，让他们默认了一种行为标准。换句话说，他们不问为什么就默认了"这就是我们做事的方式"。学者们将这种偏见描述为不加鉴别地完全接受某种准则，而且它已经渗入了我们口袋里的手机。但这并不是照相机的错，它们只是在按照人类编写的代码行事。

　　这些设备反映出存在于现实世界的一些偏见，进而传达了一种文化价值观。随着技术在我们的生活中变得几乎无处不在，它们为谁而生又为谁变得更好，是一个值得探讨的重要问题。我们的初心是，确保不断进步的技术能留住我们真正想留住的东西。

第五章

看见

碳灯丝如何在击退黑暗和让
我们看得见的同时，又让我
们对它过剩后产生的影响视
而不见？

一个美妙的夏夜

　　随着太阳落山，夏季的一天结束了，萤火虫带着它们的"小火把"纷纷登场。它们用像柑橘类果实一样的黄色或橙色闪光，告诉从东海岸一直到落基山脉的孩子们，又到了将大自然的精灵装入梅森罐的时间了。

　　这些6条腿的小灯标是伟大的统一者，它们出现在公园、后院、田野和外景场地，吸引着形形色色的人。萤火虫在世界各地都被视为大自然神奇力量的化身。很久以前，日本人就认为武士的灵魂会通过萤火虫的光显现，于是很多诗歌和艺术品都以此为灵感。如今在马来西亚，排长队等待观看河边树干上密密麻麻的萤火虫同步闪光的人，可以坐满一个露天体育场。而在斯莫基山脉深处，大批游客不惜跋涉数百英里去观赏齐腰高的小型"极光秀"。带着小灯笼的萤火虫成了很多人的心爱之物，但正是由于喜欢它们的人类做出的无知举动，萤火虫的数量一直在减少。

　　罪魁祸首就是我们头顶上方明亮的灯光。

　　情况并非一直如此。几十年前，夜晚还没有太多的灯，昏暗的环境使得人们越来越渴望用电照明。长久以来，黑暗都是萤火虫的最佳搭档，但那些拿着梅森罐追赶它们的人不喜欢黑暗，并且迫切地想在晚上换一种生活方式。在过去的那些日子里，实现清洁稳定的电气照明，是梦想家要完成的任务。其中一位梦想家和实干家就是托马斯·爱迪生，人们常挂在嘴边的爱迪生发明电灯泡的故事，让这一切都成了他一个人灵感闪现的结果。但爱迪生并不是唯一或者第一个研究电灯的人，其他人也为解决这个问题努力了很多年。事实上，爱迪生原本没有考虑过研究人工照明，但与一位鲜为人知的发明家的会面引起了他对这件事的关注，促使他创造出一个几乎没有黑暗的世界。

在他30岁的时候，托马斯·爱迪生就已经凭借他发明的留声机、股票行情自动收录器、电话送话器和一次能处理4条消息的电报机，让世界实现了现代化。爱迪生对发明的强烈渴望是众所周知的。他曾许诺"每10天搞出一个小发明，每6个月完成一项大发明"，而且他做到了。当时世界上的很多科学家都在争相研制电灯，而忙于其他发明的爱迪生对此并不太感兴趣。不过，他对住在康涅狄格州安索尼亚的威廉·华莱士的一次造访，改变了他的想法。

50多岁的威廉·华莱士留着浓密的胡子，经营着他父亲的华莱士父子铜制品加工厂。在人们眼中，常常陷入沉思、生活朴素的威廉·华莱士不喜欢卖弄或者受到关注。尽管他出生于英国的曼彻斯特，但他的父母为了创造新生活，在1832年（当时威廉7岁）带着7个孩子搬到美国的康涅狄格州。华莱士一家最终定居在康涅狄格州的"铜城"——安索尼亚，在这里，威廉·华莱士顺从地进入他父亲的公司工作。然而，他内心一直希望有一天全世界都能知道他是一个热爱科学的人。

1878年9月，华莱士意外地收到了托马斯·爱迪生发来的电报，后者请求登门观看华莱士最新的发明。爱迪生和他们俩共同的朋友乔治·贝克去西部的怀俄明地区进行了为期两个月的探险,其间听说了华莱士的研究成果。贝克是宾夕法尼亚大学的一位物理学教授,他邀请爱迪生加入了一个观看1878年7月29日日食的团队。在这次活动中,贝克劝说"门洛帕克奇才"(爱迪生)去康涅狄格州观看一项与他的成就相匹配的电力新发明。一年前,华莱士和爱迪生见过面,当时华莱士和众多慕名而来的游客一起去了门洛帕克。但这次不一样,年轻有为的爱迪生居然想登门拜访华莱士。

在家里,华莱士总是待在他的维多利亚式大房子的三楼,他在那里建了一个可以与当时全美最好的物理系实验室相媲美的私人实验室。他的实验室里有望远镜、显微镜和一台静电机,为了展示旅行照片和玻璃幻灯片,他还安装了一套很棒的投影系统。实验室的墙上挂着一张罕见的月球照片,那是天文学家亨利·德雷伯用望远镜拍摄的。华莱士也收藏了做过风筝实验的本·富兰克林的手稿,以及"电磁电报机之父"塞缪尔·F. B. 莫尔斯的旅行箱。除此之外,他还有很多可以跟9月到访的年轻的爱迪生分享的科学藏品。

多年来,华莱士不知疲倦地利用黎明前的几个小时搞发明,然后去上班。当华莱士在实验室里忙碌的时候,他的儿子威廉·O. 华莱士在帮他经营公司。有时,华莱士的妻子萨拉会帮他缠绕制造发电机和电磁铁要用的数英里长的铜线圈。在理论研究方面,华莱士时常向他的女儿埃洛伊丝征询意见。若换一个时代,她应该也会成为电学领域公认的翘楚,因为埃洛伊丝对研究工作的了解程度和她的父亲一样,而且每次有其他发明家来访,都由她负责做引导和介绍。

1878年9月8日,星期日,这是爱迪生到访的重要日子。华莱士在家等待着,终于机械式门铃响了。爱迪生和他们俩共同的朋友乔治·贝克一起来到自由街上华莱士的家，和蔼可亲、身材肥胖的贝克透过夹鼻眼镜凝视着他们。让华莱士十分意外的是，一同到来的还有其他人，他们似乎对彼此都很了解。这些访客包括：哥伦比亚大学的化学教授查尔斯·钱德勒，拍摄华莱士实验室墙上那张照片的著名天文学家亨利·德雷伯博士，爱迪生的首席助理查尔斯·巴彻勒，以及《纽约太阳报》的一名记者（因为媒体一直在追踪报道爱迪生的一举一动）。

生性沉默寡言的华莱士和爱迪生畅谈了几个小时，探讨了对创造优于煤气灯或油灯的新照明方式的期望。华莱士详细讲述了他多年来如何想出了给公众带来光明的方法，并迫切地想向爱迪生展示他的发明。

为了观看展示，所有人都来到华莱士家的三楼。他们站在一张长毛绒地毯上，看着华莱士打开了一台发出隆隆声和撞击声的发电机。在他们头顶上方的复折式屋顶上悬挂着一个奇特的金属支架，上面放着两块被包裹在一个圆形玻璃罩中的碳片，两根很粗的电线从玻璃罩处垂到地板上。闪烁几下之后，这个装置先是嘶嘶作响，然后噼里啪啦地发出刺眼的光芒，就像探照灯一样照亮了整个房间。华莱士利用弧光灯将电转化为光，形成的巨大电火花类似于一个人走过地毯后触碰门把手时产生的那种电火花。

当时，家家户户都使用油灯或者煤气灯来照明，有时也会用蜡烛。但这些方式不仅提供的光线昏暗，而且很脏，如果用蜡烛，还会发出臭味。华莱士利用电在两块碳之间持续不断地产生火花，创造出一种更明亮、更清洁的光。

看到这一切的爱迪生就像扑向火焰的飞蛾一样跑过去，他无法抑制眼前这一景象带给他的兴奋感，稚气的脸上满是欣喜之情。尽管大家都对华莱士的成果赞不绝口，但只有爱迪生在那个玻璃罩子下面看到了闪闪发光的未来。爱迪生把示意图铺在桌子上仔仔细细地看了一遍，并在大脑中计算了一下这个弧光灯系统产生的光相当于多少根蜡烛。爱迪生被它迷住了。

　　华莱士终于迎来了他人生的重要时刻，他即将跻身以爱迪生为首的电学大咖的行列。一旦他被爱迪生纳入麾下，就再也不会有人嘲笑他的科研工作是业余爱好了。他多年来一直生活在"镀金的笼子"里，那些无法尽情追求梦想的日子也将成为历史。他多年来的努力终于得到了回报。

　　爱迪生一边观看，一边聆听华莱士讲述他制作第一盏弧光灯的有趣故事。那盏弧光灯由木头支架上的两块碳片构成，当电火花将各自通电的碳片连接在一起时，弧光灯就会发出明亮的光。1876年的一天，华莱士让人爬上工厂的206英尺高的烟囱，把他的装置固定在上面。那天晚上，弧光灯发出的光非常耀眼，以至于住在较远的迪维辛街上的居民都说他们能借助它的灯光看报纸。还有一次，华莱士把工厂里的油灯换成了一排弧光灯，让工人们实现了两班倒，也就是一部分人上白班，另一部分人上夜班。《纽约太阳报》报道说，每盏弧光灯的亮度"相当于4 000支蜡烛"。

　　弧光灯这项发明其实之前就有了，但没有真正被用作光源。大约在1802年，伦敦皇家学会的著名化学家汉弗莱·戴维发现，当两根分开悬挂的碳棒通上电时，它们的尖端之间会出现像闪电一样明亮的电火花，他称之为电弧。然而，戴维认为弧光灯不是一种好的照明装置，只是适合在公共科学讲座上展示的小把戏。将近70年后，到了1876年，弧光灯才在历史上重新出现。俄国电报工程师保罗·雅布洛赫夫利用两个碳极之间的电压制造了一种"电烛"，然后他辞掉了在莫斯科的工作，准备在1876

年的费城百年纪念博览会上展示他的发明，但他最远只到达了巴黎。不过，他的雅布洛赫夫烛在"光之城"（巴黎）风靡一时。乔治·贝克教授在国外旅行时看到了这样的"电烛"，并告诉了他的朋友华莱士。华莱士听完便立即投入完善它的工作中，并创造出美国最早的弧光灯之一，那天去他家的访客们当然也是第一次看见弧光灯。

这盏灯背后的奇妙之处在于，华莱士利用他制造的一台名叫"telemachon"的发电机，将附近诺格塔克河的能量转化成用于照明的电能。在那个电池无法为灯提供足够能量的年代，从水能到电能的转化就变得非常关键。《纽约太阳报》报道说，有了"telemachon"，"能量会像电报一样从一点传输到另一点"。爱迪生被眼前的这一切迷住了，他马上从华莱士处订购了一套电气照明系统和两台发电机。华莱士开心地答应了他。

之后，所有人离开实验室，坐在餐桌旁进行庆祝。爱迪生拿着高脚杯，用钻石笔写下"托马斯·A. 爱迪生，1878年9月8日于电灯下"，以此纪念这个可以载入史册的日子。

爱迪生离开时，转身与华莱士热情地握手向他表示祝贺。爱迪生接下来说的话好像闪电一样击中了华莱士，"华莱士，我相信我能在制造电灯这件事上打败你，我觉得你的研究方向错了。"华莱士不仅用电力照明吸引了爱迪生，还带他走进了一个等待他去独立征服的世界。就这样，华莱士想要仰仗爱迪生得到荣耀的微弱希望破灭了。

爱迪生的安索尼亚之行引领他走上了发明电灯的道路。尽管华莱士激发了爱迪生的创造欲望，但和所有化学催化剂一样，他只是引发了强烈的反应，而他本身的状况却没有因此改变。

1878年9月8日本应该是威廉·华莱士一生中最美好的日子，但事与愿违，那一天成了他的人生之灯变暗的日子。

奇才的好点子

　　爱迪生赶忙从安索尼亚回家，他满脑子都是制造电灯的点子。当宾夕法尼亚铁路公司的火车终于到达门洛帕克的木质小型站台时，爱迪生在克里斯蒂街空荡荡的红土路上跑了两个街区，中途经过他自己的家，来到位于短坡顶上的一座颜色灰暗得像暴风云一样的两层建筑。这座带有狭窄护墙板的房子比一节火车车厢还要长，不管是白天还是晚上，这里都有人在忙碌着。这就是门洛帕克实验室，爱迪生的"门洛帕克奇才"的称号也由此而来。他沿着木制楼梯跑上二楼，来到一个很长的房间，里面有几个摆满了化学药品罐的架子。他告诉助手们立刻停下各自手中的工作。留声机的改进工作暂缓，他们必须赶快行动。

　　尽管参观威廉·华莱士的实验室给爱迪生留下了深刻的印象，但对他启发更大的是那些他没看到的东西。"强光没有根据私人住宅的需求进行柔化处理。"爱迪生说。他在康涅狄格州看到的弧光灯太亮了，就像老式胶片相机的闪光灯一样，而且没办法让它们变暗。爱迪生的目标是减少光量，然而，要做到这一点得用另外一种方法。

　　爱迪生需要一种会发光但受热时不会消失的金属，就像壁炉里烧红的拨火棍那样。各种文明世世代代都通过消耗能产生光的物体来击退黑暗：烧木头的火把、烧蜡的蜡烛和烧燃料的灯。而爱迪生需要的是一种可以产生白炽现象的物质。

　　在对光的研究中，白炽的概念并不是第一次出现。早在爱迪生之前，从1838年开始，就有来自比利时、英国、法国、俄国和美国的20多位发明家探索过这个问题。然而，他们的大部分照明产品都失败了。即使有这么多的失败案例，爱迪生也没有退缩，他相信自己可以从他们的错误中吸取教训。

爱迪生马上投入研制新型电灯的项目中。他成立了一家新公司，阅读了他能找到的关于以往成果的所有内容，聘请了具备他所需技能的人才，扩大了实验室，甚至还召开了一场新闻发布会。他有非常多的点子急待尝试，于是发电报给华莱士让他加紧生产"telemachon"。从安索尼亚回来不到一周，他就告诉《纽约太阳报》："我成功了。"但事实并非如此。爱迪生认为他只需要几周或几个月就能实现光的柔化，而能与他的创造力相匹配的就只有他的虚张声势了。

在1878年秋天去康涅狄格州拜访华莱士之前，托马斯·爱迪生曾粗略地考虑过电灯的问题，摆弄过碳灯丝。当时他坐在桌子旁边，先将纸碳化（通过烘烤使其变成纯碳），再连入电路，并将其放在一个广口瓶下面，用手动泵抽出瓶中的一部分空气。当他接通电路时，碳发出红光，但很快就熄灭了，发光过程只持续了几分钟。这样的灯丝是"短跑选手"，而不是"马拉松选手"，因为它与广口瓶里剩余的氧气发生化学反应并燃尽。爱迪生没有找到阻止碳燃尽的方法，于是他马上投入其他项目中，放弃了对白炽灯的研究。然而，从安索尼亚回来后，爱迪生就开始了致力于让大众用上电灯的全新探索。

起初，他测试了各种通电后会发光的金属，最终只剩下了铂。铂是有希望合用的，它既不会像碳那样燃烧，也不会氧化。但它也有一个弱点：当铂丝被加热到高温状态时，它会像黄油一样融化，导致灯突然熄灭。在几个月的时间里，爱迪生试图用复杂电路分走一部分电流的方法来防止铂过热，但它的表现没有什么改变。

爱迪生的实验室里到处是装在玻璃灯泡中发光的灯丝，看上去就像梅森罐里的萤火虫一样。然而，经过几个月的努力，铂丝依然无法使用。

爱迪生不可能让铂丝发出明亮的光，原因与这种金属的性质有关。灯丝发光是因为它的原子阻碍流经的电流通过，而这种阻力会使灯丝像烤箱里的电热丝一样变热。能有效阻挡电流通过的材料比可让电流轻松通过的材料的发光效果更好。遗憾的是，电流可以毫不费力地通过铂丝。所以，爱迪生真正需要的是用其他材料制成的灯丝，他只得不情愿地放弃了铂。

1878年10月的一天，爱迪生把目光投向了他打从一开始就排除的材料，即棉线中含有的碳元素。和铂的情况不同，电流流经碳时遇到了阻碍：碳丝越细，电流遇到的阻力就越大，从而发出比铂丝更亮的光。从持续一年的铂丝实验中，爱迪生学到了一个提高灯丝性能的经验，那就是真空很重要。优质的真空环境让碳丝不会像之前那样和氧气发生反应，进而消失。

爱迪生用高质量的棉线制成最好的碳丝，开始了一系列新实验。1879年10月下旬，他同时点亮好几个电灯泡，想看看哪一个的效果最好。有的灯泡太亮，有的出现了亮斑，有的漏气，还有的出于其他奇怪的原因也失败了。但是，有一个灯泡稳定地亮了1个小时，并延长到2个、3个小时，最终达到了40个小时。门洛帕克实验室的所有人都熬通宵见证了电灯的诞生。

很快，地球上就不会再有那么多黑暗的角落了，电灯改变了一切。

电灯的诞生遵循的是一种发明的老套路。发明家发现一个问题——黑暗，然后埋头苦干，最终找到了一种解决办法。他们的发明解决了一个问题，推动人类社会取得了不可估量的进步。但人工照明也以发明家无法预测的方式改变了人类的生活，改变了我们对别人和自我的看法，也改变了我们和其他物种的生物特性。总之，从灯泡中发出的光以看得见和看不见的方式影响着我们。

日光的无形之手

例行体检的时候，当被问到除了抽多少烟、喝多少酒以及运动量多少之外的一个新问题时，我们可能会一时反应不过来。这个问题就是："你接受适量的光照了吗？"提问者并不是海特–阿什伯里嬉皮区或者新时代塞多纳①的医生，这样的问话目前出现在一些有前瞻性的医疗机构中。如今，有不少疾病都是由缺乏锻炼、饮食不当、睡眠不足、广泛存在的污染问题和不良基因引起的。此外，还有一个病因：灯泡。

研究显示，暴露在人造光下的动物容易受到一系列疾病的攻击。"癌症、心血管疾病、糖尿病和肥胖的发病率因此上升。"伦斯勒理工学院照明研究中心主任玛丽安娜·菲盖罗教授说。并不是只有动物才会这样。专家已经发现，倒班的工作者，也就是那些从事保安、外科医生等工种（从业人数以百万计）且工作时间并非朝九晚五的人，癌症和心脏病的发病风险更高。通过筛选大量相关疾病的数据，并将其与患者的居住地、职业和身份联系起来，研究人员发现了流行病学方面的确凿证据。排除所有其他的医疗因素，导致这些病痛的一个原因就是他们头顶上方的明亮灯光。灯光扰乱了他们的生物钟（或生理节律），带来了这些健康问题。

---

① 塞多纳：美国亚利桑那州城市，是著名的灵修之地。——编者注

在现代社会，明亮的灯光让人类失去了从远古时代就一路伴随我们的黑暗。我们像小孩子一样害怕黑暗，并且千方百计地去消灭它，这已经成为一种文化。我们有路灯、门廊灯、夜灯，衣柜、冰箱和烤箱里也有灯。我们的生活环境中不仅有发光的小路、指示牌和门铃，还有发光的运动鞋、轮毂盖，甚至是发光的马桶座圈。就算停电了，我们的手机也可以照明。当谈到人工照明时，可以说我们从未远离过它。

但科学家现在指出，我们接受了过多的光照。具体来说，就是我们在一天中错误的时间段接受了过多的光照，以至于我们的健康受到了负面影响。其中的原因要从我们的身体构造说起。

和耐着性子上完枯燥的高中生物课的大多数人一样，科学家认为，过去的150年里我们已经掌握了已知的关于眼睛的一切。大家都知道光会到达眼睛后部的视网膜，视网膜将光信号转化为电脉冲，电脉冲被发送到大脑，大脑将这些脉冲信号整合起来，形成我们所说的视觉。然而，布朗大学的戴维·伯森在2002年取得的一项发现，彻底颠覆了我们对眼睛机能的认识。

伯森发现人类眼睛（视网膜）里有一种特殊的光感受器，它对视觉的形成没有任何贡献。这种光感受器在眼睛中起到的作用就像保罗·列维尔在美国独立战争期间提醒爱国者为陆战或海战做好准备一样，虽然它不会翻译"一盏灯陆路，两盏灯海路"之类的暗语，但它能够告诉身体现在是白天还是晚上。当这个感受器探测到光（它对天蓝色的光最为敏感）时，一条信息会从眼睛传递到大脑，再到达其他身体部位，让我们知道现在是白天。具体来说，这条信息会沿着眼睛后部的视神经到达下丘脑中叫作"视交叉上核"（简称SCN）的结构。SCN会向豌豆大小的松果体发送停止分泌褪黑素的信息，而褪黑素是一种告知身体现在是晚上的化学物质。抑制褪黑素分泌是一条化学信息，它像保罗·列维尔一样告知身体："天亮了，天亮了。"

褪黑素是一种存在已久的只在夜里分泌的化学物质，它会告诉我们身体里的细胞现在是晚上。"这种古老的化学物质与人类一同进化。"美国国家精神卫生研究院的荣休科学家托马斯·韦尔说。我们的身体之所以需要这样的信号，是因为人类本质上是两种不同的生物——昼间生物和夜间生物。作为一种保存能量的方式，我们的身体有时会处于"开机"状态，有时会处于"待机"状态。我们所处的状态是由周围的光照决定的，而褪黑素会发出有关身体模式的信号。在白天，我们的体温、新陈代谢和体内的生长激素含量会升高，身体处于"开机"状态；而在夜间，它们会降低，身体进入"待机"状态。然而，由于受到人工照明系统的影响，我们的身体不会进入这种必要的休息模式。

在电气时代之前，我们依靠白天的阳光和夜间的烛光生活。随着夜幕降临，光的类型从阳光变成了烛光，尽管我们还没入睡，但身体已经进入夜间模式。太阳落山后，褪黑素的分泌量开始增加。但现在，我们违背自然规律，始终处在光照之下，人工照明系统的泛滥让我们一直处于昼间模式。由此产生的影响很明显，托马斯·韦尔说："现代人比他们的祖先要高，尽管这在一定程度上与营养和其他因素有关，但也与人造光有关。"

在电灯出现之前，人的生理机能与季节息息相关。我们的身体会根据不断变化的日照时长（从黎明到黄昏）来确定时节。在白天更长的夏季，我们的身体分泌的褪黑素比冬天少；褪黑素减少了，生长激素就会增多，成长发育的机会也更多。但现在，人工照明系统导致我们的身体几乎不知时节。"我们差不多已经完全消除了受孕率的季节性差异。"韦尔说，但体现这种关联性的现象仍然存在，"体外受精的成功率在暮春和初夏时节最高。"原因在于，那个时节的白天更长，阳光和生长激素也更多。

对人类来说，爱迪生发明的人工照明系统让我们始终处于夏季模式，体内的生长激素含量几乎达到冬季夜晚时的两倍。在这种不间断的生长模式下，整个身体都浸泡在生长激素中。所有细胞均暴露在这种过度刺激之下，势必会做出反应。"如果你持续受到夏季水平的生长激素的攻击，就会有患癌的风险。"韦尔说。

癌症是我们这个时代的一种严重疾病，而且很难进行讨论，因为它伴随着很大的不确定性。很多研究者认为在大多数情况下，癌症都是从一个细胞开始的。康涅狄格大学的癌症流行病学家理查德·史蒂文斯说，细胞突变几乎都是"随机的，完全出于偶然"。那么，这和人造光有什么关系呢？诺贝尔奖得主阿齐兹·桑贾尔在后来的研究中发现，"昼夜节律会影响我们已知的癌症发病过程"。史蒂文斯说："昼夜节律与我们的细胞修复DNA损伤的方式有关。"尽管具体细节尚不完全清楚，但这项研究表明我们的身体确实有生长模式和修复模式，而且我们需要黑暗的治愈。

致癌因素有很多，对这一领域的研究是我们这个时代最重要的事情之一。当谈到女性健康时，人造光是经常被忽视的一个导致乳腺癌的因素。根据史蒂文斯的说法，"有人提出乳腺癌的流行可能与电灯的使用有关"。尽管还需要进行更多的研究才能搞清楚具体的过程，但有一个群体告诉科学家这个观点有可能是正确的。"失明的女性患乳腺癌的风险较低，"史蒂文斯说，"而她们在夜晚无法感知光。"所以，这个人群的生理机能不会被光影响。虽然很多医学报告都显示失明女性的乳腺癌发病率是个异常值，但还需要通过更多的研究来搞清楚人造光如何影响女性健康。

诗人说眼睛是心灵的窗户，而科学家说眼睛是时钟，或者更确切地说是时钟上的重置键。我们的体内有一种可以预见到一日之始的固有节奏——生物钟，但它比时钟滞后大约12分钟。一天有24个小时，而人类生物钟的平均周期是24.2小时。如果我们身处一个没有视觉提示的黑暗洞穴，就会像走时缓慢的古董钟一样落后于太阳日。但当我们看到晨光尤其是天蓝色的光时，我们的生物钟会再次与地球同步。

那种像保罗·列维尔一样的光感受器对天蓝色光的敏感性，是大自然做出的一个聪明选择，而且它在生物学上讲得通。告诉身体现在是白天的最佳方式就是专门让眼睛的某个部分与这种标志性的颜色相匹配，就像调频到某个特定的广播电台一样。大自然原本可以全部采用由各种颜色（红橙黄绿蓝靛紫）组成的白光，然而，白色的闪电可能会一不小心让我们的祖先从夜间模式转换到昼间模式。而天蓝色只在白天存在，它是唯一可以让身体转换至昼间模式的信号。

遗憾的是，人工照明系统并没有完全模拟太阳光。强大的太阳光包含彩虹的所有颜色，而人造光只包含光谱中的部分颜色：白炽灯泡的光偏红，节能灯和LED（发光二极管）灯的光则偏蓝。那么，现代人应该如何在人造光下好好地生活，并修正爱迪生开辟的这条道路呢？方法很简单。根据癌症流行病学家理查德·史蒂文斯的说法，我们需要"黑暗的夜晚和明亮的早晨"。新的一天必须从身体在早晨明亮的蓝光中完成生物钟重置开始。"散步是最好的方法，不仅可以让你得到锻炼，还可以让你得到适量蓝光的照射。"史蒂文斯说。对那些在室内活动的人来说，LED灯和明亮的节能灯发出的蓝光也相当强。

在一天当中受到适量蓝光的照射是很好的，但随着夜幕降临，光的类型必须改变。"如果蓝光出现在晚上或深夜，就会给人体带来负面影响。"伦斯勒理工学院的玛丽安娜·菲盖罗教授说。这也是光的颜色在晚上必须改变的原因。夜晚我们需要偏红色的光，相应的措施包括减少电脑显示器、电视和手机屏幕发出的蓝光。"从黄昏开始，要逐步调暗（灯的）亮度，并使用会发生白炽现象的光源。"史蒂文斯说。

新技术可能会帮助我们减轻现代灯海造成的这种危害。市面上的智能灯泡可以通过转动控制盘而发出偏红或偏蓝的光。此外，像玛丽安娜·菲盖罗所在的伦斯勒理工学院照明研究中心实验室开发的那些可穿戴技术，可以利用照明追踪器告诉我们需要哪种光，并监控我们的"昼夜光照节律"。有了这个系统，应用程序会说"照射更多的蓝光，或者消除蓝光，或者去户外"。

科学家也给那些在半夜醒来的人提供了一些建议。史蒂文斯说，最佳做法是"待在黑暗当中，这样更容易再次入睡"。尽管这在数百年前是很普遍的做法，却少有人知道。当我们的祖先在半夜的睡眠间隙醒来时，他们会借着烛光在家里做一些事情，比如吃东西、祈祷、阅读或者做家务。我们现在已经知道，即便他们那时候醒着，身体也仍然处于夜间模式。烛光是一种略带红色的暗光，不会影响褪黑素的分泌。如果在半夜打开一盏明亮的电灯，褪黑素水平就会骤降。"如果你在5分钟之后关上灯，情况会好些。"史蒂文斯说，"但如果开灯时间超过20分钟，你就惨了。"

为了改善健康状况，人需要在一天中的正确时间接受适量的光照。这不是神秘主义的要求，而是医学上已经证明的事实。"光是生物钟的驱动者，"菲盖罗说，"它驱动着你体内的一切。"因此我们绝不能将灯泡看作在不显眼的地方发着光的无害物体，而要把它们视为人类健康的原动力。

尽管爱迪生开创了电灯时代，但出于除健康之外的原因，人类社会需要重新拥抱黑暗。长期以来，星星一直陪伴着人类，帮助水手和拓荒者确定位置及方向。几个世纪以来，人类可以看到成千上万颗星星。但如今，美国城市居民只能看到大约50颗星星，原因是大多数人都暴露在因人工照明系统而亮度过高的夜空下。在仅仅几代人的时间里，漆黑的夜晚就发生了根本性变化。在我们的曾祖辈年轻的时候，多云、没有月亮的晚上是整个月当中最漆黑的夜晚。如今，这样的夜晚却是最明亮的，因为云中的水滴和尘埃会像迪斯科球一样反射光线。

我们不知道的是，天空中有着令人叹为观止的景色。然而，由电灯制造的人工白昼阻止了我们欣赏头顶上方那部天体大片。"这就好像待在开着灯的电影院里一样。"天文学家法比奥·法尔基说。我们之所以无法看到大片的细节，是因为"失去了荧幕的明暗对比"。

原始状态的夜空对我们来说已经非常陌生了。1994年1月的一天早上，洛杉矶北岭地区发生地震，那天晚上电力中断，根本看不到灯光。很多精神紧张的洛杉矶人看到天空中有一些奇怪的东西，于是报警说有"银灰色的云"。这些南加州人看到的其实是银河，报道说有2/3的美国人从未见过这样的景象。

我们现在看到的夜空和我们的祖辈或曾祖辈看到的夜空完全不一样。人们尽管从照明带来的便利中获得了一些好处，但也失去了一些东西。"你体验不到整个人类历史赋予我们的启示。"《黑夜的终结》一书作者保罗·波嘉德说。我们中的大多数人从未见过真正灿烂壮美的夜空，因为路灯给我们的眼睛蒙上了一层纱。真正的夜空是令人目眩而且有立体感的，就像凡·高的画作《星月夜》一样，可以看到不同亮度和颜色的星星。波嘉德说，想看到真正灿烂壮美的夜空，我们就要"在夜晚走出家门，和宇宙面对面"，他在写那本书的时候去过地球上最黑暗的一些地方。

随着更多的电灯安装完成，一种自负感随之而来。波嘉德说，当你和宇宙面对面时，"你会意识到自己非常渺小"。而人造光带走了人类的这种敬畏感。灯光下的我们看不到宇宙，所以我们很容易心生傲慢。黑暗的天空曾经是一扇窗户，而如今它是一面镜子。

萤火虫的警示

人类的朋友萤火虫带领我们踏上了这段旅程。萤火虫既不是苍蝇也不是臭虫，而是甲虫。除了成为一些鸟和蜘蛛的美食以外，萤火虫在自然界中没有什么重要的职责，不必像蜜蜂那样给植物传粉，也不必像蚂蚁那样疏松土壤。尽管萤火虫的作用有限，但多达几千种的它们已经引起了新生事物市场的关注。作为大自然的魔法灯，萤火虫迷人的原因不仅仅在于它们发出的光（在爱迪生制造电灯之前，这一点确实很神奇），还因为在现代它们能一下子引起我们的注意。

萤火虫就像夏令营里宵禁后还在聊天的人一样，通过一种类似于莫尔斯电码的闪光模式进行交流。它们发出的光来自一种叫作"生物发光"的化学反应。氧气、被称为 ATP 的分子能量包、提供光的萤光素化合物和萤光素酶共同构成了一盏分子闪光灯。然而，萤火虫传递的那些信息并非毫无用处，它们是爱的表达。在草地上齐膝高的地方飞行的雄性萤火虫用光发出信息，表明它们的性别和具体的种类，宣告它们的到来。塔夫茨大学生物学教授、《无声的火花：萤火虫的奇妙世界》（*Silent Sparks: The Wondrous World of Fireflies*）一书作者萨拉·刘易斯解释说，尽管没有人能熟练掌握萤火虫的语言，但最合理的猜测是，萤火虫可能在说"我是雄性，是一只 *Photonis greeni* 萤火虫"之类的话。

同时，在下方的草叶或灌木丛上停留的雌性萤火虫会抬头看见雄性发出的亮光。刘易斯解释说，雌性如果发现它喜欢的对象，会害羞地通过闪光来回应，内容大概是"我喜欢你"。飞行中的雄性如果得到雌性的回应，那么它会停在半空中，像"大笨狼怀尔"一样掉落到对方附近，然后经过几个小时的跋涉到达雌性所在的那片草叶。当它们相遇时，爱情才真正开始。

这个求爱过程的前提是可以看到对方。在高处的人工照明系统发出的光太亮了，以至于雌性萤火虫无法看到雄性发出的亮光。尽管雄性会向雌性发出信号，但由于强光的存在，雌性不会做出回应，这些有希望配对的萤火虫可能永远都不会相遇。此外，灯光会加剧竞争。雌性更喜欢发出亮光的雄性萤火虫，因为这表明雄性生殖能力强，健康状况和基因也很好。然而，在人工照明系统的对比下，雄性发出的光看上去比实际情况要暗，以致雌性反应冷淡或没有回应。

人类世界中明亮的灯光遮蔽了对萤火虫来说非常重要的交配信号，尽管雄性萤火虫可以发出更亮的光去吸引雌性，但这样会耗尽雄性宝贵的能量。萤火虫成虫只有不超过14天的寿命。某些种类的萤火虫幼虫需要在地下生活两年，不停地进食和长大，并储存能量。它们利用积攒下来的能量发光，一个ATP分子能产生一个光子。萤火虫成虫依靠能量储备生活，它们几乎不吃东西，因为留给它们去看见和被看见从而找到真爱的时间太短了。

萤火虫并不是唯一一种希望我们把灯光调暗的生物，鸟、昆虫和海龟等动物也希望我们这样做。《黑夜的终结》一书作者保罗·波嘉德说，大多数人都不知道，"有将近2/3的昆虫都是在夜间活动的"，它们所有的活动都随着人工照明系统的诞生而发生了改变。对某些昆虫（比如蛾）来说，被火焰吸引不是一种诗意，而是一种惩罚。蛾会围绕着光源飞行，直至力竭而死。出于某些尚未证实的原因，通信塔上闪烁的信号灯会吸引鸟在其周围飞行，最终使其落得和蛾同样的下场。"在美国和加拿大，每年有680万只鸟以这种方式死去。"生态学家、南卡罗来纳大学教授[①]特拉维斯·朗括说。对昆虫来说，这个数字则达到数十亿。这样的损失会对整个生态系统产生不容忽视的影响。昆虫供养着食物链中更高级的物种，所以食物链的强度取决于其中最弱的一环，而我们的电灯正在破坏这条事关所有动物存亡的食物链。

人工照明系统会导致小海龟做出具有毁灭性的选择。在夜晚的海滩上破壳而出后，它们要花些时间找到海的方向，以躲避捕食者和防止脱水。出于本能，它们知道要向着光最亮的地方爬。祖祖辈辈以来，那个方向都是在月光下闪闪发亮的海水。但现在最亮的那个方向往往远离大海，而靠近灯火通明的城市。

尽管未来的情况很严峻，但拯救萤火虫和其他野生动物并不难。根据一些直言不讳的天文学家和国际暗天协会的说法，只要合理使用电灯就可以，比如在照明设备上安装一个罩子，让光向下照射，或者根据需要照亮特定的区域，还可以使用智能灯泡。

光可以在不牺牲效率或美观的情况下应用于所需的地方，并提供所需的照明。在高线公园的高架步行通道上散步的纽约人，爬楼梯时几乎

---

① 此处疑原书误，据朗括教授个人网站显示，他任教于加州大学洛杉矶分校。——编者注

不会注意到它的扶手还有两个附加功能：一是它们遮住了照亮楼梯的灯，二是通过使光向下照防止了人工白昼的形成。为了拯救夜空，细致周到的设计师会有意地换一个角度去考虑某些设施的设计。此外，一些设计师采用了不用时亮度很低而一旦探测到运动物体就马上变亮的停车场灯，没什么人的街道也可以采用这种灯。尽管可被拯救的夜色只有很小一部分，但我们能节省下一大笔费用。根据作家保罗·波嘉德的说法，减少室外照明可以"在世界范围内节省1 000亿美元"。

虽然加油站的明亮程度是20年前的10倍，但人们其实并不需要用很亮的灯来照明。即使是在光线较暗的情况下，眼睛也能很好地适应最明亮的物体。原因要从眼科学说起。我们的视网膜上有能感光的视杆细胞和视锥细胞，视杆细胞是优质的夜视镜，能感知黑白两色的世界；视锥细胞在强光下很活跃，可以看到全彩的世界。人类的眼睛里有600万个视锥细胞，而帮助我们在黑暗中辨认形状和图像的视杆细胞有1.2亿个。我们中的大多数人都生活在一个晚上几乎用不到视杆细胞，而只需要不太敏感的视锥细胞的世界。

人类是非常害怕黑暗的物种，这使得我们痴迷于更大、更亮和更醒目的灯。这样一来，我们不仅伤害了动物，也伤害了自己。

随着年龄的增长，我们看到的光会发生变化。科学家已经证明，随着年龄增长，我们眼睛的晶状体接收蓝光的能力会下降。对一个25岁的人来说，他的眼睛可以接收几乎所有的蓝光；而对一个60岁的人来说，到达他视网膜的蓝光量只有前者的一半，剩余的光则会引起眩光。"如果我们的路灯发出大量蓝光，"天文学家和研究现代夜空亮度的专家法比奥·法尔基说，"考虑到人口老龄化的情况，这将十分不利于人身安全。"随着产生很多蓝光的LED路灯数量的激增，它们选择了光谱当中老年驾驶员不太敏感的光，实际上是将老年人置于危险之中。

很多人会说，电灯越多，犯罪率就越低。尽管这听上去似乎是真的，但能证实它的证据其实很少。保罗·波嘉德在《黑夜的终结》中提到，2008年太平洋煤气电力公司发现，"照明与犯罪率之间并无联系"，即使存在某种联系，也"太过微妙和复杂，以至于并不具备统计数据上的显著性"。尽管某些强度的光或许有助于预防犯罪，但它们都存在一个临界点，否则过多的光就会引起眩光，致使潜在的受害者更难发现袭击者。

我们需要明智地利用灯光。根据国际暗天协会的推荐做法，我们可以调暗灯光、用灯罩遮挡向上的灯光，以及只在需要的时候开灯。同时，我们还可以按照美国医学会的推荐，消除电灯产生的蓝光。

太阳光包含彩虹中所有颜色的光，LED灯则富含蓝光。从医学的角度看，LED灯总的来说还不错，但它们发出的大量蓝光是有害的。从2016年开始，10%的城市路灯被替换成富含蓝光的LED灯，更换灯泡的速度也在加快。可以理解，换用LED灯是城市降成本行动的典型代表，因为它们的效率更高、亮度更高，灯泡寿命也更长。节约成本是一种重要的态度；然而，LED灯并不是最有利于人类健康的。LED灯厂商已经研发出蓝光量较少的灯泡，但它们尚未用于如今的城市照明。

为了减少光污染，设计师、企业家、市民和城市需要共同努力去做出改变，促进一种新的国民习惯的形成，帮助社会远离更大和更亮的灯，而趋向于选择更健康的灯。天文学家法比奥·法尔基说，我们热衷于安装LED灯泡而不考虑其影响的做法，就像在开发一款新车时把重点放在"制造一台每加仑①燃料能行驶更远距离的发动机上"，"这样我们就会以

---

① 英制1加仑等于4.546升，美制1加仑等于3.785升。——编者注

更严重的污染为代价去提高发动机的效率"。

问题在于，大多数人并没有发现电灯产生的影响，以及我们对灯的痴迷。于是，科学家（比如天文学家法比奥·法尔基及其同事）绘制了一张所有人都能看懂的光污染地图。利用卫星图像，他们发现在美国本土有99%的人都生活在光污染地区，而且光污染的范围不断扩大。"你能看到芝加哥的光一直延伸到五大湖。"法尔基说。地图上还有其他一些令人惊奇的发现。"日本和韩国之间的海域是地球上最亮的地方，"他说，"因为人们用灯来吸引鱿鱼。"我们可能确实需要制定相关的法案，才能减少蓝光的影响和降低灯的亮度。在美国，随着越来越多的城市和州改变做法，联邦立法并非完全不可能。这是有先例的：1978年含铅涂料被禁用，因为铅是一种会导致儿童出现发育问题的神经毒素。使用亮度更低、蓝光更少的电灯，也需要类似的思想认识、艰苦付出和教育引导。

只有朝着这样的方向共同努力，我们的未来才会更光明，而且是好的光明。

第六章

分享

磁记录介质如何让数据分享
成为可能，又让我们很难阻
止自己的信息被分享？

NASA 的太空金唱片

1977年，史蒂文·斯皮尔伯格即将完成电影《第三类接触》的拍摄，在这部电影里，人类可以用音符与外星人进行交流。而此时NASA（美国国家航空航天局）也准备将它的信息发送出去，与外星人分享。那一年，美国太空署在发射两艘旅行者号宇宙飞船的时候，获得了千载难逢的机会，因为它们能够飞得比预想的更快、更远。当时太阳系的一众行星排列成一个独特的几何形状——这种现象每176年才会出现一次，在这样的阵型里，一颗行星可以把宇宙飞船像烫手山芋一样抛向下一颗行星，以此类推。借助行星的引力，这两艘宇宙飞船可以变成贯穿太阳系的弹弓，消耗更少的燃料而获得更大的速度，飞到更遥远的地方，也许还会抵达外星世界。

搭乘这两艘旅行者号宇宙飞船的是一则信息，不过它不是寻常的信息，而会像早期的地图或者洞穴壁上的雕刻图案一样成为人类文化的象征。这则信息之所以如此重要，是因为计算显示旅行者号宇宙飞船可以畅通无阻地飞行数十亿年，比地球的寿命还要长。于是，这两艘旅行者号宇宙飞船从单纯的航天探测器升级为人类生命最后的遗产承载者。

太空信息的想法成形于1976年，当时旅行者号任务的项目负责人约翰·卡萨尼在感恩节前后联系了康奈尔大学的天文学教授卡尔·萨根，询问萨根能否想一些宇宙飞船可以携带的信息。萨根回答说："当然可以。"

萨根决定发送一张唱片。和20世纪70年代全世界流行的记录载体——黑胶唱片（塑料盘）不同的是，这张唱片是一张直径12英寸的镀金铜盘，被称为"金唱片"，包含来自地球的问候、图像、声音和音乐。萨根把亲戚朋友召集起来，成立了一个临时的旅行者号唱片委员会，成员包括他的妻子琳达·萨尔兹曼·萨根、为萨根的著作绘制插图的画家乔恩·隆伯格、《滚石》杂志的作家蒂莫西·费里斯，以及费里斯的未婚妻、小说家安·德鲁扬。虽然每位成员负责唱片不同部分的内容，但他们都对音乐部分做出了贡献。

选择能代表整个地球的90分钟时长的音乐，不仅要面临技术挑战，对人来说也是一种考验。在数字文件尚未出现的年代，音乐被存储在物理磁盘和磁带上，而这些磁盘和磁带都在淘儿唱片行和其他音乐商店的货架上，需要人工搬运到录音棚进行播放。除了技术难题，还有选择难题。和确定空间轨迹时不受个人感情影响的数学计算不同，音乐的选择因人而异，个人品位会起到主导作用。对旅行者号唱片委员会的成员来说，成为这艘"太空方舟"的诺亚拨动了人性的那根弦，不知不觉间他们的选择受到了偏见的左右。

在此之前，其实有人已经考虑过该把什么音乐发送到地球之外了。1974年，受人尊敬的科学家刘易斯·托马斯在《细胞生命的礼赞》中写道："我会把票投给巴赫，让巴赫的所有音乐在太空中一遍遍地播放。"托马斯还说："我们当然是在吹嘘自己，但在初次见面的时候，表现出自己最好的样子也情有可原。我们可以稍后再说出更残酷的事实。"唱片委员会最初选择的金唱片曲目就遵循了这本畅销书的思维模式，它们难以代表整个地球。其中大多数曲目都是萨根本人喜欢的古典音乐，这类音乐起源于欧洲的一个地区，而不是整个"暗淡蓝点"（萨根很喜欢这样称呼地球）。慢慢地，唱片委员会选择的曲目中开始包含其他文化的音乐。由于年轻成员的竭力主张、人类学家的建议和著名音乐收藏家艾伦·洛马克斯的批评与敦促，成员们的想法发生了改变，金唱片曲目开始展现出整个地球的特色。不久，金唱片就成了一个能真正代表其诞生地的样本。除了用开头的标志性音符打破太空寂静的贝多芬《第五交响曲》外，还有塞内加尔打击乐、阿塞拜疆风笛曲、纳瓦霍圣歌、美拉尼西亚排箫曲和美国爵士乐。

随着两张金唱片分别于1977年8月20日和1977年9月5日离开地球，它们开始了作为"地球使者"的长途旅行。虽然NASA的这次太空任务的最初目的是收集有关太空的数据，但也输出了数据，那就是全世界的音乐。

这项任务之所以能达成，正是因为100年前发明的留声机。1877年，托马斯·爱迪生偶然间发明了一种将会对社会产生重要影响的奇妙装置，它不仅能储存音乐，还能分享音乐。爱迪生由此发掘出人类的一项古老爱好和传统，因为音乐对大多数文化来说都很重要。

如今，我们完全无法想象一个不能随时听到音乐的世界，但这样的状况以前确实存在过。为了变得易于获取，音乐在爱迪生那个年代经历了一次蜕变。音乐必须改变形态，变得有形，变成数据。

在1877年之前，没有机器可以记录和回放人声。因此，在留声机尚未发明的年代去世的所有人，他们的音高和语调都是不可知的。今天的我们都没听过孔子或莎士比亚的声音，也不知道亚伯拉罕·林肯或弗雷德里克·道格拉斯的嗓音如何，更无从了解作家爱伦·坡或狄金森如何朗读他们的作品。古代文字（古埃及象形文字）的发音，也将永远不为现代学者所知。在19世纪之前，捕捉声音是一项艰巨的任务，无异于想用绳子套住光或把微风装进瓶子里。诗人拉尔夫·沃尔多·爱默生似乎预见到留声机的发明，他写道："我们会把回音收集起来。"1877年，爱迪生不仅做到了收集回音，还让声音变得有形、便携，并且可以进行回放。

爱迪生的声波梦

　　1877年夏天，31岁的托马斯·爱迪生正在努力把19世纪的发明成果推向未来，他将目光锁定在两项发明上。在实验室里，陷入沉思的爱迪生想要找到一种将塞缪尔·莫尔斯发明的电报机收到的电报自动写出来的方法，他还想修复亚历山大·贝尔发明的电话的一个缺陷。爱迪生擅长改进现有的发明，对他来说兼顾多个想法的情况并不少见。1877年7月17日，他像平常一样同时研究着电话和电报机，突然产生了把它们像花生酱和巧克力那样结合在一起的想法。通过将电报机记录电报和电话接收声音的功能合并起来，爱迪生发明了他自称最喜欢的一项发明——一台可以记录声音的机器，他称之为留声机。

　　这个夏天，爱迪生非常忙碌，他还想制造出一部更好的电话，既可以媲美贝尔前一年发明的那款受欢迎的产品，还要跟上他头脑中不断涌现的新点子。在他那间长长的实验室里，有一处的桌子上全是弹簧、杠杆和尖头，用它们可以制造出一种机器，将点和划戳在有特殊涂层的纸带上，从而将莫尔斯电报机收到的信息记录下来。在另一处，爱迪生进行着电话实验。尽管亚历山大·贝尔已经打败他了，但贝尔的设计有一个问题：每当说含有辅音"t""p""v""c"的词时，只能听到嘶嘶声；而"s""th""sh"这几个音根本听不到。每天，爱迪生的助手们都会看到他朝着一个锥形的话筒大喊大叫，同时把手指放在话筒背面，感受覆盖狭窄端的那层薄膜片的振动。爱迪生测试了很多种备选材料，想看看哪一种能准确地随人声振动。他的笔记本上画满了图，有关电话和电报机的内容混杂在一起。正是在这段闷热潮湿的日子里，在纸带和薄膜片等零件的包围下，专注思考的爱迪生产生了一个想法。

在一顿寻常的晚餐期间，爱迪生实验室里繁忙的研究活动暂停下来，而头发蓬乱的"门洛帕克奇才"还在研究着他的振动材料。他一边思考着，一边带着他那出了名的自负感对首席助手查尔斯·巴彻勒说："如果我们在膜片中心放一个尖头，然后对着膜片说话，同时拉动下面的蜡纸，那么当我们再次拉动蜡纸的时候就会听到刚才说的话。"他的想法犹如霹雳一般击中了实验室里的所有人，捕捉人声然后回放是一个激动人心的创意，这前所未有。听完爱迪生的话，大家就像听到发令枪响一样，立即开始寻找制造留声机所需的零件。

木制桌子上放着爱迪生之前的一些发明项目留下的仪器，它们此时也派上了用场。一个人切下了一根针的尖头，把它和圆形膜片焊接在一起。另一个人把膜片和话筒固定在一个木架子上。还有一个人裁了一段涂了蜡的纸带，把它放在膜片上的那根针下面。不到一个小时，一个装置就出现在爱迪生眼前。房间里很安静，爱迪生坐下来，他那发福的身体向前倾斜。爱迪生把嘴唇凑近话筒，喊道"Halloo"（嘿），与此同时他的助手巴彻勒像拉钓鱼线一样缓慢匀速地拉动下面的蜡纸。之后，爱迪生和巴彻勒一起查看纸带，并发现上面的线条像正在消化食物的蚯蚓一样先宽后窄。他们把纸带放回起点，在膜片下再次拉动它。"我屏住呼吸，"爱迪生说，"听到了一个清晰的声音，或许要有强大的想象力才能把它翻译成最初的'Halloo！'。"尽管几乎失聪的爱迪生听到了一些声音，但巴彻勒持怀疑态度。

虽然发明留声机的种子已经种下了，但还得再等等。爱迪生回到了电话和电报机的项目中，并且开始了对电灯领域的新照明形式的研究。几个月过去了，尽管爱迪生无法分身研制留声机，但他一直在笔记本上画着设计图。11月底，他终于抽出时间思考留声机的问题，在摒弃了用圆盘和长纸带来储存声音的想法后，他决定用圆筒。这个设计的巧妙之处在于它的简单性：话筒收集声波，声波推动膜片像蹦床一样运动，固定在膜片上的尖头上下移动，在包裹着圆筒的锡箔上戳出小孔。经过深思熟虑和几次不同的演算，在感恩节后的那个星期四，爱迪生画好了设计图，把它交给值得他信任的机械师约翰·克鲁齐，并告诉对方他打算做一台会说话的机器。克鲁齐难以置信地看着爱迪生。

克鲁齐开始了漫长的加工过程，他用了12月份的头6天制造出留声机。在将爱迪生的想法变成现实的过程中，克鲁齐在铜制圆筒周围雕刻了像拐杖糖条纹一样的螺旋形凹槽，为针提供了运动轨道，也为尖头创造了刺入箔纸的空间。他和查尔斯·巴彻勒一起将锡箔固定在圆筒上，并于12月6日把成品交给爱迪生进行测试。爱迪生把嘴唇靠近话筒，大声唱起了《玛丽有只小羊羔》。尽管这首儿歌不如1844年莫尔斯发送的"上帝创造了何等奇迹"有预见性，但它无疑比1876年亚历山大·格雷厄姆·贝尔的"沃森，过来，我需要你！"更有意义。当连接上另一个锥形扬声器并转动曲柄时，留声机中传出了爱迪生的歌声，虽然模糊但确凿无疑。"我这辈子都没那么惊讶。"他说。

不可否认，爱迪生的发明是有缺陷的。受到圆筒上螺旋形凹槽长度的限制，留声机只能存储不到1分钟的声音。而且，因为锡很软，声音信息只能回放2~3次，之后金属就会变形，致使声音质量降低到无法辨认的程度。然而，爱迪生的热情丝毫没有减退，他和助手们花了一整夜的时间让留声机的声音尽可能地清晰。他们想赶在第二天就向世界展示这项发明。

1877年12月7日，爱迪生和巴彻勒从新泽西州门洛帕克的木制站台登上火车，前往纽约，他们打算和爱迪生的生意伙伴爱德华·约翰逊一起去科学新闻的首要来源——《科学美国人》杂志社。在那里，他们把留声机放在编辑的桌子上，周围聚集了一群观众。爱迪生转动曲柄，围观的人越来越多，地板嘎吱作响。大家都听到了："早上好。你还好吗？你觉得留声机怎么样？"接着，留声机又祝在场的人们晚安。《科学美国人》做了一件之前很少做的事情，为了让所有人意识到生活已经发生改变，杂志社停止了当天的印刷。他们说："话语已经变得不朽。"

爱迪生创造了除书面语言之外的一种表达信息的新方式。纸上的文字有两次生命，既能以口语形式存在，也能以书面形式存在。但声音只有一次生命，它受制于很短的时间跨度，存在环境也仅限于从一个人的嘴唇到另一个人的耳朵。超出这些限制，声音就会像雪花一样消逝，不留一点儿痕迹。出于这些原因，当爱迪生对着留声机唱出《玛丽有只小羊羔》时，他的歌声在人类进步历程中的重要意义就相当于尼尔·阿姆斯特朗在登月时说的"个人的一小步，人类的一大步"。有了留声机，我们可以随时听到和珍藏一些话语，比如宝宝说的第一句话。然而，爱迪生没有意识到的是，他改变了数据的形态。信息从羊皮纸上潦草的字迹和用古腾堡印刷机印在纸上的文字，蜕变为爱迪生在锡箔上戳出的小孔。

"门洛帕克奇才"对这个他最喜欢的发明寄予了很大的希望，几个月后他就列出了这项发明的可能用途，包括有声读物、教育课程、遗言录制、音乐播放、玩具和答录机，其中的很多功能现在都实现了。爱迪生还认为这项发明的主要用途是商务口述，在这一点上他错了，因为留声机将在音乐领域留下浓墨重彩的一笔。

在留声机出现之前，歌曲的传播只能靠旅行演唱团或者本地的能人按照乐谱进行现场表演。留声机激发了人们的想象力，很快就出现在众多场合——从有钱人家的豪华客厅到贫苦农夫的破旧房屋，让听音乐这件事变得大众化。爱迪生的梦想是来自各阶层的人都能用他的留声机听首歌，事实上他的这项发明做到了。

留声机把音乐带入了人们的生活，而且不久之后大家感受音乐的方式就发生了改变。在音乐厅、公园或小型酒吧的现场表演中，音乐是表演者与观众以及观众与观众之间共享的一次经历。随着留声机的诞生，尽管集体感受音乐的场所从大礼堂缩小到客厅，但交换条件是随时可以播放音乐。留声机是爱迪生最喜欢的发明之一，但并非所有人都喜欢留声机。行进乐队的"守护神"约翰·菲力普·苏萨认为，留声机会导致"美国音乐和人们的音乐品位发生显著的退化"。不过，留声机的销量持续上涨。1906年，也就是爱迪生发明留声机的30年后，唱片销量超过2 600万张。1927年，也就是爱迪生发明留声机的50年后，唱片销量达到1亿张。

尽管公众发现留声机播放的音乐令人无法抗拒，但他们可能不知道留声机一直在塑造着他们欣赏的音乐。和亚历山大·贝尔早期发明的电话不能接收像"s"和"sh"这样的音一样，爱迪生的留声机也受到类似的限制。大提琴、小提琴和吉他发出的声调过于轻柔，以至于早期的留声机无法接收，所以人们在录制音乐的时候更喜欢像钢琴、班卓琴、木琴、大号、小号和长号这样声调比较高亢的乐器。此外，在这个高度种族隔离的国家，留声机推动了音乐风格的形成。尽管黑人与白人之间没有往来，但唱片跨越了种族隔阂，让白人和黑人音乐家可以听到彼此的音乐，从而相互借鉴。可以说，留声机是文化的传播者。这些音乐家相互分享音乐的过程促进了爵士乐、布鲁斯音乐和摇滚乐的形成，创造出一种爱迪生绝对预料不到的社会凝聚力。

留声机诞生100年后，1977年，爱迪生的发明所衍生的后代还在不断进化。族谱中的一个分支发展出利用模拟凹槽来储存数据的唱片，另一个分支则发展出用磁数据位来记录音符的磁带。两者各有缺点。尽管唱片体积很大，但听众可以马上找到一首歌，而且音乐的复制质量很高。虽然磁带可以放进口袋里，但要有耐心才能找到一首歌，而且声音质量相对受限。和所有的同类产品一样，尽管它们看起来大不一样，和它们共同的祖先也有了很大的差别，但作为分享和传播音乐的媒介这种家族特性没有改变。

爱迪生1877年发明的留声机，最终让音乐变成了可以在商店里买到的商品。1977年，磁带进一步增强了人们购买、借鉴、消费和收藏音乐的热情。不过，这种媒介又有了一个新的家族特性。磁带内覆盖在塑料带基上的一层磁性粉尘，让人们不仅能听到音乐，还可以自己复制声音。录音功能赋予了听众根据个人喜好重新组织音乐的自由，而且这种收藏、复制和选择音乐的能力推动了集锦盒带（最早的播放列表）的出现。

集锦盒带使音乐变得个性化。从20世纪70年代起，集锦盒带就成了一种情感的象征、友谊的礼物和爱的标志，音乐代表了赠予者最好的一面或者渴望成为的样子。这种选择和管理音乐的新型超能力对听众来说很有意义，在某种程度上，集锦盒带成了他们的声波化身——集锦盒带就是他们。

集锦盒带和预先录制的磁带在很多方面促进了音乐的传播和分享。手提音响里的磁带把音乐分享给所有能听到的人。磁带为音乐家提供了在音乐产业现有的通过试听带发行的渠道之外分享音乐的一种方法。索尼随身听里的磁带让听众可以在音乐的保护罩中独自享受音乐。在金唱片诞生的1977年，被售出的1.3亿盘磁带内铁质磁头精心刻录的成果，像100年前爱迪生发明的留声机那样进一步使音乐变得大众化。

随着人们可以尽情地分享音乐和集锦盒带，在从爱迪生的留声机到磁带的飞跃过程中，信息的形态也在不知不觉间发生了改变。留声机的圆筒和后来的唱片表面都布满了看似山丘和山谷的凹槽，与形成凹槽的声波推力相匹配。而在数字录音过程中，声波会被转化为电流，让带基上有磁性的地方变成强弱不同的磁铁，并用二进制数字"1"和"0"来表示。锡和蜡中的模拟凹槽就这样变成了数字化的磁数据。当人们都在忙着复制收音机和他们最喜欢的唱片中的音乐时，随着数据形态发生改变，我们的世界进入了二进制时代。

这一步意义重大，因为二进制是计算机语言。随着更多的设备采用二进制，它们实现了更多机器之间的相互交流，朝着自动化世界又迈进了一步，最终让计算机去思考。

二进制看起来像一个现代概念，然而，在1877年爱迪生发明留声机的20年前，爱尔兰数学家乔治·布尔就已经播下了让现代世界实现数字化的种子。1854年，喜欢研究语言的布尔发现简单的逻辑陈述可以用符号来表示，而它们之间的关系可以用一个真假值来确立。80年后，麻省理工大学的一位名叫克劳德·香农的研究生，将布尔深奥的数学理论应用于电路开关，让他的机器能够计算和思考。香农为计算机和机器间的相互协作创造了一种语言，包括音乐在内的所有信息都要被表示成"1"或"0"这种基本单元，或者说"位"。某个设备一旦数字化，就可以独立完成任务了。

尽管很少有书籍或报纸提到这一点，但数据向磁性形式的转变是一个划时代的事件，因为它实现了人们多年来在更小的空间中储存更多信息的愿望。此外，向磁数据的转变解放了人类，因为计算机可以用二进制算法去处理数据。数字化形式还在不知不觉间使得数据（比如音乐）能够与其物理容器分离，然后从我们的设备中传播出去。我们在流媒体站点和网站上欣赏的音乐并不是来自屏幕上那个漂亮的场景，而是来自毫无吸引力的放满硬盘的建筑物或数据中心。我们的数据不仅是点击一次鼠标的结果，背后还有磁数据位的参与。但在那些大型信息仓库和我们的音乐仓库成为现实之前，必须有硬盘。这时候该磁性粉尘一显身手了。

西海岸男孩

雅各布·哈戈皮安是一位有着亚美尼亚血统的工程师，他身材瘦削、精力充沛，打扮得干净利落。1952年夏天，他成了加入位于加利福尼亚州圣何塞的IBM（国际商业机器公司）西海岸实验室的第33位员工。他申请了这份在当地一家报纸上宣称是一次"难得的机遇"的工作，但他还不清楚自己要做些什么。IBM需要加利福尼亚州的工程师，但其总部所在的东海岸的寒冷天气实在没什么吸引力，为了招揽西部的创新人才，"蓝色巨人"（IBM）准备开设店铺。哈戈皮安以顾问工程师的身份成为IBM的一员，这个职务就像内部民兵一样，让他可以参与解决公司最急迫的问题。这非常适合他，哈戈皮安是一位经验丰富的工程师，他擅长把问题分解成多个简单易懂的部分，这种能力正是他的新老板需要的。

哈戈皮安的老板雷诺·约翰逊是一个有着瑞典血统的明尼苏达州人。他在农场长大，个子很高，有一头红色的头发，握手时他的手总能将对方的手完全包住，几个月前约翰逊才开始投身到西海岸的工作中。1952年1月的一个冬日下午，IBM管理层要求约翰逊举家从纽约州IBM恩迪科特园区搬到加利福尼亚州。此时约翰逊加入"IBM四分之一世纪俱乐部"（指在IBM工作25年）还不到10年，他在纽约州北部的家里过着慢节奏的生活，而他的老板却另有打算。

公司遇到了一个问题。IBM每年能生产160亿张穿孔卡，但这种发展是不可持续的，因为储存、分类和管理这些卡片变得越来越困难。穿孔卡的出现是为了满足对数百万公民进行人口普查的需要，而这项工作一开始要依靠人工制表。赫尔曼·何乐礼发明了通过在卡片上的特定区域打孔来提供信息的穿孔卡，他的灵感有两个来源。一方面，19世纪末，列车员会在描述乘车人外貌特征的车票上打孔，何乐礼借鉴了这种做法。另一方面，19世纪约瑟夫·玛丽·雅卡尔发明了根据带孔厚卡片上的指示编织出复杂式样的织布机。这些孔使得大量连着线的长编织钩落在水平的纤维上，逐层编织出图案。有孔的地方，线就可以通过；而没孔的地方，线则会被挡住。利用孔来提供信息是何乐礼发明的穿孔卡的重要特征，自从有了穿孔卡，数据就从文字转变为孔洞。

在穿孔卡诞生之前，1880年的人口普查花了将近7年半的时间才完成。

1890年，在能够计算孔洞数量的何乐礼机器系统的帮助下，只用了2个月就实现了对近6 500万美国人口的两次统计。新形式的数据带来了不可否认的便利。一完成计数，数据就可以进行共享，帮助政府全面地了解国家：谁是公民，有哪些资源，需求是什么，挑战是什么。随着更多的国家完成人口普查，其他国家也跃跃欲试，人口普查为国家提供了一面镜子。何乐礼的公司后来被一家新成立的企业——IBM收购和兼并了。然而，随着穿孔卡数量的增加，它正在因为自身的成功而不堪重负——IBM生产的穿孔卡太多了。

　　堆积如山的穿孔卡把雷诺·约翰逊送到了加利福尼亚，这里既有需要解决的问题，也有用一种新方式来做事的机会。IBM需要让储存的数据变得紧凑，而成堆的穿孔卡做不到这一点；公司还需要自动地实时获取这些数据，而人工翻阅穿孔卡的方式也做不到这一点。

　　在位于圣母大道99号的IBM新成立的西海岸研究实验室里，虽然约翰逊还没决定该朝哪个方向研究储存数据的方式，但他已经很清楚与这种储存方式有关的需求了。IBM的客户抱怨说，他们需要一种无须翻遍所有穿孔卡就能便捷地处理业务的方法。1953年1月16日，为了解决穿孔卡的问题，约翰逊召集工程师开了一次小型特别工作会议。然而，这次会议意义深远。这些穿着白衬衫、装着（防止笔漏水的）口袋保护套、戴着眼镜的人，将跟随爱迪生的足迹，改变数据的形态。

　　在会上，不少人都发表了令人印象深刻的有关信息储存方式的观点。有人提出借鉴托马斯·爱迪生发明留声机的想法，采用一个大的磁性圆筒。爱迪生唱的《玛丽有只小羊羔》来源于留声机内的一根针从包裹着锡箔的圆筒外划过；而在这位工程师构想的磁性圆筒中，锡箔被一层磁性物质取代，针则被悬于上方的一块小磁铁取代。有人提出用磁带。

还有人建议用片状、棒状甚至是线状的磁铁。参会者坐在一张很长的Steelcase牌桌子旁，就数据形态的问题讨论了几个小时，直到有人提出采用像唱片一样的磁盘。一切都因此改变了。

这个想法的意义非常深远，因为磁盘的几何结构虽然很简单，却为工程师带来了便利。磁盘的A面和B面可以容纳更多的音乐，使数据可以被储存在一个更小的空间里。

约翰逊的西海岸团队决定把首批磁盘做成2英尺宽，就像大比萨饼一样，而且一分钟可以旋转1 200次——这个转速几乎是足球场上旋转球的2倍。他们还认为整个机械装置应该像一台自动点唱机，磁盘则像书架上的书一样垂直放置。接下来，他们需要做的就是制造出这个装置，为此他们去了废品回收站。

爱迪生常说，发明家需要创意和一大堆没用的东西。这些IBM的工程师此时已经万事俱备了。他们在废品回收站里找到两根可以用来支撑旋转磁盘的金属梁，其重量足以防止硬盘像装载过少的洗衣机一样跑到房间的另一边去。为了让磁盘转动起来，他们找来了一个马达。他们还找到了一张铝片，但被切开的铝片像土豆片一样发生了弯曲，他们不得不用一块墓碑把铝片弄平。

硬盘的机械装置进一步受到自动点唱机和留声机的启发。在留声机中，唱针会沿着唱片凹槽的纹路移动，这些凹槽正是被转化为声音的数据。硬盘上有一层磁性粉尘，它是承载数据（声音或其他任何信息）的载体。在硬盘上方移动的磁头代替了唱针，起到读取磁化区域的作用，磁化区域用计算机语言的基本单元——"0"和"1"来表示。雅各布·哈戈皮安的工作就是找到用磁性微粒涂覆磁盘的方法。

给磁盘做涂层并不是一件容易的事，因为它的厚度需要在较大范围内保持一致。哈戈皮安试着将比萨饼大小的磁盘浸在一桶涂料里，但得到的涂层表面很粗糙。他又尝试用丝网漏印技术制作涂层，但表面还是不平。他还尝试过喷漆法，结果依然不理想。一天，他在参观印刷厂时，看到被墨水覆盖的自动滚筒通过快速旋转来甩掉多余的墨水。这样的场景在哈戈皮安心中埋下了一颗种子。

1953年11月10日，哈戈皮安带着12英寸的磁盘、一些涂料和一个（盛饮料或冰激凌的）迪克西纸杯回到实验室。为了使磁盘旋转起来，他将其与钻头连接在一起，然后用迪克西纸杯在磁盘中心倒上一圈涂料。钻头启动后，涂料四处飞溅，击打在哈戈皮安放置在周围的报纸上。涂料晾干后，他发现这是迄今为止效果最好的涂层，不仅轻薄均匀，而且几乎毫无瑕疵。为了去除其中的结块，哈戈皮安用他妻子的旧丝袜对涂料进行了过滤。很快，旋涂法就成了很多早期磁盘的官方涂层方法。

接下来，哈戈皮安需要搞清楚该在磁盘的涂层中加入哪些可承载数据的磁性微粒。起初，他从明尼苏达矿业及制造业公司（简称3M公司）以每加仑90美元的高价购买了一桶磁性氧化铁粉。他将磁粉与透明清漆混合起来，然后用旋涂法涂覆在磁盘表面上。但是，3M的产品表现很糟糕，用手指甲就能轻易刮掉涂层。这是行不通的。

哈戈皮安想让涂层变得更牢固。一天，他在《生活》杂志上看到一则宣传摔不碎的新式餐具"Melmac"的广告。这种餐具是美国氰胺公司用一种粉状的名叫三聚氰胺的硬塑料制成的。为了让柔软的磁性涂层变得坚硬、牢固和平滑，哈戈皮安买来了这种用于制作餐具的塑料。它果然有效，但他很快就进入了一个超出他知识储备的领域。

哈戈皮安需要磁性微粒，于是他联系了一些将其用作他途的公司。他打电话给旧金山的加州油墨公司，这家公司主要生产一种用于印制银行支票底部数字的磁性油墨，这样无须出纳员就可以对支票进行处理。之后，他联系了奥克兰的福禄搪瓷公司，这家公司用磁性微粒给他们的陶瓷釉料添加棕色和黑色。接下来，他联系了在纽约从事电影行业的里夫斯声音艺术公司，这家公司向电影制片厂出售作为声带被涂在胶片边缘的氧化铁。最后，他写信给南旧金山的涂料生产商 W. P. 富勒公司，这家公司将氧化铁用作操场和旧金山湾区桥梁所需的橙色和微红色涂料的色素。在这里，哈戈皮安交了好运。

富勒涂料公司非常愿意帮助哈戈皮安，他们在实验室里为他研制了涂料配方，不仅通过添加三聚氰胺提高了涂料硬度，还利用聚乙烯让涂料能够适应各种情况。更重要的是，这样的涂料售价仅为每加仑 16 美元，和 3M 公司的每加仑 90 美元相比简直太便宜了。最终，这种涂料成功了。

事实上，富勒公司还为金门大桥生产了标志性的橙色涂料。出于好奇，哈戈皮安也订购了这种橙色涂料，并用旋涂法将磁盘涂成了亮橙色。虽然颜色很好看，但这种涂料产生的磁场太弱，无法储存数据。对金门大桥所用涂料的测试，为哈戈皮安单调乏味的工作增添了一丝乐趣。让他感到懊悔的是，他把这件事告诉了同事，结果很快就有谣言说硬盘的数据层来自金门大桥的专用涂料。"我不满的原因是，这贬低了（我的成果）。"哈戈皮安说。抛开那些谣言，哈戈皮安和其他人做出的努力使计算机中的硬盘，以及后来支撑互联网的大数据中心成为可能。

经过所有工程师多年的努力，用来制造 IBM 首款商用硬盘"RAMAC"（随机存取技术与控制方法）的所有部件终于组合到了一起。RAMAC 有两个冰箱那么大，重量超过 1 吨，可以储存 500 万比特的数据（相当于现在的一张数码照片的大小）。

尽管RAMAC体积庞大，也储存不了太多数据，但由IBM参与建设的数据储存行业很快就开始遵循用更少空间储存更多数据的指导原则。有了遵循摩尔定律的硅片，数据行业又把储存效率提高了一倍。人们渴望在更小的空间里可以储存更多的数据，这种需求要用更强的储存文档、应用程序、游戏、图片和音乐的能力来满足，并使用户越来越习惯于分享更多的东西。然而，数据的微型化也会产生一些负面影响。

音乐存储介质经历了从包裹着锡箔的圆筒到唱片再到磁带的转变，但音乐很快就会彻底摆脱有形的介质，以储存在计算机硬盘、MP3播放器或者被称为"云"的数据中心里的数字化文件的形式，像蝴蝶一样在网络空间中飞来飞去。当音乐变成数字化文件时，听众就可以享受到随时获取音乐的好处。与此同时，数据从印刷的文字变为锡箔上的小孔，再变为唱片上起伏的纹路、孔洞及无实体的磁数据位，而且这个进化过程并未就此停止。数据的普遍性和相对于硬盘容量来说微乎其微的大小，使得收集关于人类的海量信息成为可能。音乐曾经是我们收集的数据，但现在我们收集的是自己的数据。

音乐的数字形态改变了我们享受它的方式。网站、流媒体服务、社交平台和iTunes（苹果公司音乐软件）把音乐带到每一个角落，传递给每一个人，下载量超过了爱迪生做出的所有预测。此外，在这个过程中，还出现了一些爱迪生可能没有预料到的情况。数字格式不仅改变了我们享受音乐的方式，也改变了我们分享的内容。媒体服务商将音乐传播给听众，尽管在这里音乐是数据，但有关听众的数据也被这些服务商收集了。他们不仅知道听众选择的歌曲、歌曲的播放时长和频率，还积累了有关听众所在的地点、听歌的时间和附近有谁等数据。这些网站和公司又会把他们掌握的关于我们的数据分享给其他公司、机构和广告商，这一切全部发生在我们听着播放列表里的音乐的时候。

爱迪生的留声机让音乐变成了可以收集的数据，但如今的技术让人类也变成了数据。从爱迪生以在锡箔上戳孔的方式记录音符到追踪我们的一举一动，我们已经变成了数据进化过程的最后一步，正如爱迪生努力捕捉声音一样，我们现在必须努力控制和保护自己的数据。

当爱迪生发明留声机时，他满心期待着音乐得到分享的那一天。如今，这已经成为现实。记录声音和储存数据的能力，延伸了我们对能分享什么和跟谁分享（甚至是外星生命）的想象力。当下，我们不仅能从网络平台获取自己喜欢的音乐，关于我们的信息也被服务商获取，从我们的设备上流出，然后被卖给其他实体。分享的定义已经改变了，我们在获取的同时也在被获取。这样的局面都是数据的变形和微型化造成的。尽管今天的技术印证了爱迪生的预测，但眼下的时代可能并不完全是爱迪生期待或梦想的那样。

第七章

发现

用于科学实验的玻璃器皿，
如何帮助我们发现新的药物
和电子时代的秘密？

科学的战利品

  亚历山大·弗莱明待在伦敦圣玛丽医院二楼他的实验室里，他一边看着显微镜，一边思考着战胜疾病的方法。1928年秋天，他坐在繁华的普里德街上的小实验室里，被各种玻璃器皿包围着，有移液管、烧瓶，还有窗户旁一张桌子上的皮氏培养皿。藏身于这座红砖建筑的弗莱明，常常想起第一次世界大战时的场景。10年前，他在服役期间看到很多人虽然在战斗中幸存下来，却要在医务室的床上和另一个敌人搏斗，那就是感染。弗莱明发现，人体与细菌的战斗跟在战场上与敌人战斗一样致命，因为严重的烧伤或感染的伤口相当于被判了死刑。战争结束后，不需要再从事急救工作的他把帮助人体战胜微生物作为毕生的事业。人类与感染的对抗是一场由来已久的战争，古代的卷轴中就记录着过去的人们对抗细菌的方法。弗莱明想用他的那些玻璃器皿，为这场旷日持久的医学战役做出些许贡献。尽管他很努力，但没有取得什么显著的成果，直到一粒灰尘改变了这一切。

  这位身材矮小、说话温和的苏格兰细菌学家有着迷人的蓝色眼睛、灰白的头发和高大的鼻子，很有可能被误认作巫师。尽管魔法并不是他的工作，但他的确有一些隐藏技能。有时候，他会用实验室里的玻璃吸管为孩子们制作小动物玩具。其他时间里，弗莱明会把细菌当作颜料，在玻璃培养皿中画画。除了是细菌界的毕加索以外，弗莱明还因为有点儿邋遢而为同辈人所知。他的同事一做完实验就会对培养皿进行清洗和消毒，而弗莱明把用过的玻璃器皿都堆在实验台上，连续几周都不清洗。

1928年9月，在为期6周的暑假过完后，弗莱明面对着堆积如山的培养皿，开始逐一清洗、消毒和存放。他在其中一个培养皿里发现了一些东西：除了一个霉菌菌落的周围，其他地方都是葡萄球菌，看来葡萄球菌并不喜欢这个闯入者。像这样被一粒灰尘或者一个霉菌孢子污染的烦人情况在实验室里很常见，但这一次弗莱明并没有生气。他盯着这个培养皿看了很长时间，然后说了一句"真有趣"。

在提取和培养了更多的这种霉菌之后，他在显微镜下判定它为青霉菌。于是，弗莱明把它放进温室里与有害细菌展开斗争。他发现，尽管青霉菌打败了链球菌、葡萄球菌、淋球菌和脑膜炎球菌，却无法战胜伤寒杆菌或者痢疾杆菌。青霉菌看起来很强大，但想让它造福于人类，还需要做大量的工作。然而，不管从性情上还是从受训练的程度来说，弗莱明都做不到。

1929年，弗莱明把他的发现整理成一篇科学论文，他希望自己的成果能像瓶中信一样去到合适的地方。将近10年后，1938年，弗莱明的论文引起了牛津大学研究员恩斯特·钱恩的关注。钱恩和他的老板霍华德·弗洛里及同事诺曼·希特利，把他们的实验室变成了一个青霉素工厂，实现了这种良药的大批量生产，拯救了数百万人的生命。然而，如果玻璃培养皿中那粒奇怪的"灰尘"没有被弗莱明发现，这一切就都不会发生。

玻璃是一种有着矛盾特性的古老材料。它可能很坚固，比如汽车挡风玻璃，也可能很脆弱，比如圣诞装饰物。但有一点很清楚，那就是玻璃是文明社会的老朋友。埃及人用玻璃制作需要高超技艺才能完成的漂亮器皿和装饰物，如今由玻璃制成的光纤传输着互联网信息。起源于海滩沙砾的玻璃已经遍及人类生活的方方面面，我们用它来装饰教堂，制作灯罩，铺设摩天大楼的外立面，甚至用它来看自己的映象。

玻璃在取得科学新发现方面也发挥了重要的作用。人们一直在透过玻璃观察其他世界，比我们的世界大的要用望远镜，小的则要用显微镜。眼见为实是科学发现的关键，玻璃是这种科学方法的核心。

现在，所有设施完备的实验室都有随时可以取用的试管、烧杯、量筒和烧瓶，科学家和研究人员已经用它们发现了炭疽、结核病、疟疾乃至墨西哥腹泻的起源和治疗方法。尽管玻璃对科学而言很重要，但我们一直以来都是透过它去观察其他事物，而很少去研究它本身。如果把科学观察的焦点对准玻璃，我们将会发现一些新的东西。

穿过黑暗的玻璃

奥托·肖特一直梦想着能在整洁干净的化学实验室里发现新事物。遗憾的是，他1851年出生于德国维滕，他父母的家族都是从事玻璃制造业的，不得不在酷热难耐、粉尘飞扬的车间里辛苦地工作，并希望他和他的父亲一起去玻璃工厂工作。然而，年轻的奥托·肖特另有打算。从高中开始，他完成了他能参加的所有化学课程，为获得有机化学博士学位做着准备。身材瘦小的肖特留着八字胡，他想用自己的头脑去理解材料，而不是以体力塑造材料的方式留下自己的印记。在德国，19世纪70年代的化学领域涌现出很多令人兴奋的新成果，尤其是在药物、肥料和爆炸物制造方面。有机化学家沉迷于复制天然物质（比如香草的味道），在实验室里进行人工合成。尽管大自然不会轻易暴露自己的秘密，但一旦其方法被破解，这些分子就会变成按吨生产的新产品。激发肖特的化学兴趣的成就是，1856年一种叫作"苯胺紫"的紫色染料被发明出来，威廉·珀金斯从煤焦油中提取出这种后来变成流行时尚的颜色。在肖特小的时候，纺织品的颜色只有黑色、红色和蓝色，而且它们都来源于植物、矿物和动物。然而，通过将实验室合成的苯胺紫与其他色素相结合，人们可以得到更醒目的颜色，而且不需要伤害其他生物。德国成了这种染料的最大生产国，拥有该产品的垄断权，并且为大众提供了大量的"珀金斯紫"（查尔斯·狄更斯给它起的名字）。全世界（包括奥托·肖特）都被有机化学家的成就彻底震撼了。

带着对分子的各种想法和憧憬，肖特为完成有机化学博士阶段的学业，申请了莱比锡大学为研究生设置的研究职位，但对方没有空缺。失望却并不灰心的他设法间接进入了有机化学领域，参加了农业化学的研究生课程。但很快肖特就发现自己对这个新课题不感兴趣，于是他退学了。梦想受挫的他重新开始研究玻璃，但这一次是为了他的博士学业。1875年，他在耶拿大学获得了博士学位。（这是一所备受欢迎且充满生机的大学，卡尔·马克思曾在此就读。）肖特的论文标题是"论玻璃制造的理论与实践"，这是一个他从孩童时期就非常熟悉的题目。毕业之后，他去了一家玻璃厂工作，发表了有关玻璃熔融、玻璃硬化和玻璃中化学元素的论文。1878年，肖特回到家乡维滕，在车间里踏踏实实地做着玻璃实验。尽管他的研究成果没有轰动世界，但他希望利用火和化学解开这种古老材料的奥秘，并让它获得新生。

在向往成功的奥托·肖特以西大约250英里的地方，恩斯特·阿贝教授在耶拿大学的实验室里苦恼不已。作为受人尊敬的物理学教授和天文台主任，阿贝教授越发不满意他的显微镜和望远镜的玻璃镜片。他留着数学家标志性的蓬乱头发和凌乱的灰色胡子，鼻尖上架着一副眼镜。他发现这些设备的玻璃镜片有很多缺陷，很难看清楚东西。有时候玻璃中有气泡、条痕或看似船的窄尾迹的热条痕；有时候玻璃是浑浊的、模糊的，或者有像大理石蛋糕那样的旋涡状花纹。更要命的是，玻璃本身的质量很差，因为颜色（比如蓝色和红色）在镜像中是独立的，和透过现代的3D眼镜看到的情况差不多。使用如此糟糕的玻璃，几乎不可能取得科学突破，因为玻璃镜片是那些仪器的核心部件。没有好的玻璃，科学研究就会变得盲目。

为了宣泄这种沮丧的情绪，阿贝教授做了一件所有科学家都会做的事情。1876年，他写了一份报告并在其中指出，穿着粗花呢衣服的科学家使用的显微镜和望远镜等精密光学仪器的未来，都掌握在穿着围裙的玻璃工人厚实、长满老茧的手中。最早的玻璃需要通过加热，将碳酸钠（苏打）、石灰岩（白垩）和硅（沙子）等原料混合起来，制成窗玻璃和瓶子所用的冕牌玻璃。用铅化合物取代白垩，则可以得到更华丽的火石玻璃或铅晶质玻璃。几个世纪以来，世界上只有这两类玻璃。阿贝认为，在探索新的添加剂以制造出光学性质更好的玻璃方面，相关研究还很欠缺。

在报告中，阿贝设立了一个新的研究方向，提出"需要研制出具有均匀、可计算和可预测性质的新型光学玻璃"。阿贝希望将玻璃与光相互作用的方式也考虑在内。正如面包师会通过改变面粉、水、酵母、小苏打的比例来调整面包的质地和咀嚼性一样，阿贝也希望了解化学成分会如何影响玻璃将白光变为彩虹，或者使光弯曲（比如让饮料里的吸管看上去像折了一样）的能力。阿贝还希望随着玻璃中各种化学元素比例的调整，这些特性能以一种有规律和可重复的方式发生变化。他在报告中说，几十年来关于玻璃的研究太少了，还直言不讳地说玻璃制造大多依靠传统配方而不是专业技术。如果没有专业技术，科学就不会发展。

三年后，1879年，奥托·肖特看到了阿贝的这份报告，他怀着从闷热难耐、粉尘飞扬的车间中逃离的希望，给阿贝教授写了一封信，说他愿意提供多种不同类型的玻璃。尽管肖特一直在系统性地研制具有不同化学成分和不同成分比例的玻璃，但他没有在实验室里通过科学测量的方法验证这些玻璃的性质。而阿贝虽然有这些仪器，却制造不出新型玻璃。于是，两个可以相互取长补短的人就这样走到了一起。阿贝教授愿意和科学界的无名之辈合作，因为他不会有任何损失。奥托喜欢做玻璃工厂之外的工作，不管做什么都可以，这次机会就是为他准备的。

肖特把玻璃样品寄给了阿贝，但它们都不具备阿贝所需的光学性质。不过，他们俩自此开始了长达一年半的书信联系，肖特也在继续研制不同化学成分组合和成分比例不同的玻璃。和过去的科学家相比，肖特能够做出更好的选择，因为20年前西伯利亚科学家德米特里·门捷列夫构建的元素周期表彻底颠覆了化学领域。在这张表上，人们发现世界上已知的所有元素之间都存在着系统性联系，相邻元素的性质也很接近。借助元素周期表，肖特开始用一种系统化的方法探索不同配方玻璃的特性。

1880年，肖特制订了研发新玻璃配方的计划。他把元素周期表当作餐厅的菜单，从不同的列中选择元素，有时也会从同一列中选择，目的是看看哪种组合的效果最好。一开始，他加入了元素磷和硼。1881年秋天，他集中研究了来自硼砂（一种洗涤助剂）的硼，并取得了有希望的发现。加入硼酸后，他制成了一种看上去毫无缺陷的新型玻璃——硼硅酸盐玻璃。肖特把这种玻璃寄给阿贝进行测试，然后满怀期待地等着结果。一天，肖特收到了阿贝的祝贺信。在这封写于1881年10月7日的信中，阿贝在提到光学玻璃的缺陷时说道："问题已经解决了。"阿贝还在信中邀请肖特去耶拿大学展示他的新型玻璃。

经过整整一年的不断改进，奥托·肖特实现了他的愿望。阿贝在信中建议肖特不要继续在玻璃工厂工作了，并邀请他到耶拿大学的化学实验室里继续研究玻璃。于是，肖特开始为此做准备。

1882年，奥托·肖特搬到耶拿市，与阿贝、卡尔·蔡司（显微镜制造商，跟阿贝有长期业务关系）合作经营一家小公司。肖特再也不用在小熔炉里做实验（每次只能产出体积相当于一杯糖的样品），此时他产出的样品是直径相当于保龄球的巨型柱体。1884年，为了制造和销售特殊玻璃，肖特成立了一家公司——肖特及合作伙伴玻璃技术实验室。1886年，该公司发布的第一本产品目录中有44种不同的玻璃；到了1892年，增加至76种。

肖特先后为光学镜片和温度计研发了新的玻璃配方。19世纪晚期，温度计是科学家在探查化学反应时需要用到的少数几种工具之一。那个时候，化学仅限于了解物体有多热（温度）、有多重（质量）、占据多少空间（体积），以及对容器壁的推力有多大（压力）。很多科学家都注意到，温度计的读数比实际情况高。事实证明，温度计在冷却后并不会回到正确的基准线上。反复加热和冷却温度计会导致存放水银的玻璃泡形状发生改变，其中的水银慢慢上升，而这意味着后续的温度读数不再可靠。通过调整硼的量，肖特制造出加热时形状不会改变的玻璃，使温度计的读数更加准确。

奥托·肖特与阿贝合作制造出几种不同的玻璃。一种是受热时不会发生形变的玻璃，使温度计能显示出准确的读数。一种是光学性质优越的玻璃，对望远镜和显微镜来说是最理想的选择。还有一种是不会溶于水、酸或其他液体的玻璃，适用于实验室器皿。肖特的这些新成果的核心都是硼，但硼在每种玻璃中的作用各不一样。肖特在玻璃中加入少量、中量或大量硼，就像厨师通过调整胡椒粉的添加量熬制出微辣、中辣或特辣的酱汁一样。对于光学性质较好的玻璃，在其中加入一点儿硼，就可以提高玻璃的折光性。对于受热不发生膨胀的玻璃，肖特在其中加入了大量硼。硼利用其牢固的化学键，像强力弹簧一样紧紧抓住其他原子，使玻璃在受热时不会像其他玻璃那样发生膨胀。对于可耐受酸等危险化学品的玻璃，硼的添加量要降到中等水平。尽管硼原子很喜欢与其他原子结合，但形成的化学键遇酸易断裂，所以一部分硼会被其他化合物替代。所有这些成分共同发挥作用，让玻璃在各种严酷的环境中保持稳定性。

很快，肖特研制的玻璃就成了世界上最受欢迎的用于科研的玻璃，德国也成为显微镜、望远镜和实验室器皿（烧杯、烧瓶和试管等）的专用玻璃的主要来源，所有科学家都想要刻着"JENA"（耶拿）字样的光学仪器。而对其他玻璃制造商来说，想打入这个市场几乎是不可能的。在这种情况下，纽约州北部的一家公司意识到，他们唯一的机会就是利用科学。

20世纪初，美国的玻璃制造商想研制出德国耶拿玻璃的替代品。然而，破解耶拿硼硅酸盐玻璃的秘密并不是一件容易的事情。尽管玻璃制造商都知道硼是一种关键成分，但其他配料还是一个谜。奥托·肖特虽然在他的高技术含量的论文中详细说明了可让玻璃承受高温和大温差的因素，不过几乎没有玻璃制造商能把肖特论文中的理论转化成车间里的实际工艺流程。纽约州的康宁玻璃厂知道，要想取得成功，那些穿着围裙的工人就需要科研人员的帮助。

康宁玻璃厂是一个家族企业，为了通过运河运输产品和来自宾夕法尼亚州的煤，1868年公司从纽约州布鲁克林区搬到了康宁（也译作科宁）市。康宁玻璃厂主要生产装饰玻璃和餐具，也为爱迪生发明的电灯泡生产人工吹制的玻璃。但他们知道，要想和耶拿玻璃竞争，就必须运用科学去研发新产品。于是康宁玻璃厂逐步放弃使用一代代传下来的玻璃配方，转而采用科学的方法。他们做的其中一件事是，让工人记录往玻璃熔体中添加的原料，如果有需要，就可以重复生产某一批产品。他们还做了一件对当时的玻璃厂来说不同寻常的事情：聘请了科学家。

从1908年开始，在康宁玻璃厂的薪酬表上出现了化学家的名字，事实证明这项投资十分明智。为了与其他玻璃厂拉开差距，同时和德国产品展开竞争，康宁玻璃厂需要引进技术人员。受聘的科学家知道硼是新型玻璃的关键成分，经过不断摸索，他们终于研制出一种被称为"Nonex"（"非膨胀玻璃"的英文略称）的硼硅酸盐玻璃。遗憾的是，康宁玻璃厂未能凭借它进入实验室器皿市场，因为与领跑市场近15年的耶拿玻璃相比，Nonex根本不是对手。此外，由于德国玻璃属于教育产品，因此享受低关税待遇。在优质德国玻璃的价格不太高的情况下，客户完全没有理由购买美国玻璃。但康宁玻璃厂的管理层必须为他们的硼硅酸盐玻璃开拓国内市场，他们决定依靠国内最赚钱的产业——铁路——来维持公司运转。

　　20世纪早期，铁路延伸到美国国内一些偏远的角落。除了克服空间阻碍之外，铁路还凭借速度压缩了时间。然而，随着火车的速度越来越快，灾难性的事故也越来越多，所以需要更好的信号系统来提高安全性。轨道信号灯是由红色玻璃罩和热弧光灯构成的，它们会警示火车停止前进。不过，一旦遇到雨雪天气，火车事故就会频发。除了恶劣天气之外，导致铁路事故增多的另一个原因是玻璃碎裂。

　　当天气不好的时候，铁路信号灯就会处于进退两难的境地。信号灯玻璃罩的内侧被热弧光灯加热而发生膨胀，外侧却被雨雪冷却而发生收缩。相互矛盾的反应导致玻璃上的应力积聚，当这种应力长期存在时，玻璃就会破碎。尽管红色的信号灯能警示火车停下来，但一旦玻璃破碎信号灯就不是红色的了，为列车长提供了虚假的（而且有可能是致命的）安全信息，从而导致严重的事故。对玻璃来说，光是应对天气似乎还不够，淘气的男孩子会拿铁路信号灯做靶子进行空气枪射击练习，一粒小子弹就能把红色的玻璃罩打碎。因此，铁路部门需要用更好的玻璃来减轻天气和不良少年给信号灯带来的影响，而康宁玻璃厂生产的Nonex可以满足这种需求。

　　Nonex玻璃很少出问题，然而，康宁玻璃厂很快就为这种产品的成功付出了代价。尽管铁路部门采用了Nonex玻璃，使其销量一时激增，但这同时意味着铁路部门一旦购买了这种坚固的玻璃，就不需要更换了。因此，销量激增之后紧接着就是销量急剧下跌。康宁公司不得不去抢占新的市场，而转机竟然来自一块蛋糕。

　　1913年夏天的一个下午，康宁玻璃厂新聘请的物理学家杰西·塔尔博特·利特尔顿带着他妻子贝茜烤的海绵蛋糕来上班。杰西和贝茜都是美国南方人，分别来自亚拉巴马州和密西西比州。杰西曾在密歇根州安阿伯市担任物理学教授，一年前他们搬到纽约州康宁市，一起努力地适应着北方的新生活。秉持着南方人热情好客的习性，杰西带来了蛋糕。然而，蛋糕不只是社交礼物，还是一个科学实验。在过去两周里，杰西一直试图让他的同事们相信用玻璃器皿烹饪的好处，但遭到了嘲笑。长期以来人们只知道要防止玻璃受热，因此用玻璃烘焙听起来太荒唐了。但他们不知道的是，杰西不仅是个南方人，还是个研制玻璃的科学家。

　　杰西非常喜欢玻璃，并在餐桌上谈论它。当果冻作为餐后甜点被端上来时，他会慢慢地把果冻打散，让孩子们观察它是如何像玻璃一样碎掉的。他甚至希望自己死后能在一个玻璃棺材里安息。杰西之所以对玻璃可作为烹饪器皿的结论如此确定，是因为他1911年在威斯康星大学撰写了一篇关于玻璃的热学性质的论文。对其他研究化学的科学家来说，玻璃变热后的反应是未知的。他们猜想厚厚的玻璃会阻止食物均匀地受热变熟，热量也不会像用薄金属锅烹饪时扩散得那么好。然而，物理学家杰西知道事实并非如此，身为南方人的那种敏感让他无法接受同事们的嘲笑。于是，他决定用行动去说服他们，并得到了贝茜的帮助。

　　贝茜·利特尔顿喜欢热闹。但她在密西西比州一个偏远的种植园长大，那里少有访客。搬进纽约州北部的新家后，她让杰西带同事们回来吃晚饭。贝茜只有5英尺高，有着黑色的蓬松头发，身材瘦小，很爱说话，做事井井有条。她对杰西要求严格：不许撒谎或喝酒，不许抽香烟或雪茄，不许带说脏话的人或者有色人种到家里吃饭。身材高瘦的杰西戴着眼镜，目光严肃，总是一副闷闷不乐、低调沉稳的样子。他遵从妻子的要求，带回来一位科学家同事——H. 费尔普斯·盖奇。整个晚上，贝茜都在催促单身的盖奇结婚。当杰西和盖奇在晚饭后谈论起玻璃时，他们不得不听贝茜讲述一件困扰她许久的事情。

几天前，贝茜刚买不久的根西岛砂锅打碎了，而此前她只用过一次。杰西和盖奇一整个晚上都在讨论玻璃的不可破坏性，而贝茜坚持说两个自以为什么都懂的人应该先制造出打不破的炊具。第二天，杰西找来两个和篮球差不多宽的Nonex圆柱形蓄电池外壳，切下它们的底面做成圆盘，带回家给贝茜。

贝茜自己不做饭，而是指挥女佣做。尽管贝茜不是烹饪大师，但她十分擅长烘焙。杰西刚把打不破的玻璃盘子拿给她，她马上就去厨房做起最喜欢的事情来。贝茜把糖、鸡蛋、面粉、黄油、牛奶、香草精和发酵粉放在一起搅拌成面糊，再把面糊倒入新盘子放到烤箱里进行烘烤。最后，她从烤箱里端出一个烤得很均匀的棕色蛋糕，颜色比她用金属盘烤制的更好。

第二天，杰西把蛋糕带到公司，所有不了解这个烘焙实验的人都说蛋糕很好吃。接着，杰西告诉他们这个蛋糕是用玻璃器皿做的，这让他的同事们感到迷惑不解。

他们发现这个蛋糕真的烤得很好，顶部呈现出诱人的棕色。杰西还告诉他的同事们把蛋糕从光滑的玻璃盘中取出有多么容易，和用金属烤盘的情况完全不一样。他的同事们起初并不认为用玻璃器皿可以做出美味的蛋糕，所以从某种意义上来说，他们是自"食"其言。

接下来，他们请贝茜尝试做其他食物，并报告玻璃盘的情况。就这样，贝茜成了驻家科学家，尽管她偏爱南方人常吃的粗玉米粉、玉米面包和羽衣甘蓝，但她还是做了炸薯条、牛排和热巧克力。结果表明，食物既没有粘在一起，玻璃盘也不会像金属煎锅那样吸收和保留食物的味道。

知道玻璃器皿能烹饪食物后，康宁玻璃厂看到了希望。但他们还得做一些调整，以了解更多信息。首先，他们要改变Nonex的配方。因为里面含有铅，科学家为此研制了烤盘专用的无铅硼硅酸盐玻璃。其次，他们要测试玻璃的强度。科学家让重量相当于一罐汤的砝码分别掉落在不同质地的盘子上，看它们能否经受住厨房中不利情况的考验。瓦器被从6英寸高的地方掉落的砝码砸碎，陶器被从10英寸高的地方掉落的砝码砸碎，而硼硅酸盐玻璃器皿即使被从齐腰高的地方掉落的砝码砸中也毫发无损。再次，在冲击测试之后，研究团队需要搞清楚食物在玻璃器皿中变熟的原理。贝茜说食物在玻璃盘中比在金属盘中熟得快，这与他们之前设想的情况完全相反。他们通过一个实验找到了真相。

一位科学家将Nonex烤盘浸在满是银微粒的化学溶液中。银停留在烤盘表面，覆上了薄薄的涂层，就像给烤盘镀了银一样。接着，他们用一个未镀银的Nonex烤盘和一个镀银烤盘分别烤了一个蛋糕。烤完之后，他们发现镀银烤盘里的蛋糕没有烤熟。由此他们了解到，来自烤箱内壁的热量会像太阳光线一样穿过透明的玻璃，把蛋糕烤熟，而镀银烤盘会把热量反射回去。这让他们了解到玻璃盘和金属盘烹饪食物的方式不同。金属盘里的蛋糕是由烤箱里的热气和来自烤架的热量加热变熟的，而玻璃会让热量以第三种方式——像太阳光一样的无形热射线——进入蛋糕，还会让蛋糕皮变成褐色。

最后，要想利用这个新用途赚钱，就需要给这种玻璃取一个让顾客（大部分是女性）一目了然的名字。面市的第一款产品是馅饼烤盘，它最初的名字是"Py-right"。1915年它被改名为"Pyrex"，目的是和早期的产品Nonex产生联系，并且听起来更加现代和可靠。Pyrex的销量一开始不太好，但在公司听取并满足了顾客的需求（比如减轻烤箱适用玻璃器皿的重量）之后，Pyrex 很快就成了常规的厨房用具。1919 年，这种烤箱适用玻璃器皿的销量超过 450 万件。为了进一步提高销量，康宁公司吸取了为铁路部门供货时的教训，研发了各种形状、尺寸和颜色的产品，并使 Pyrex 成为一款经典的圣诞礼物。不过，康宁公司仍然没有放弃研发制造实验室器皿用的玻璃。而进入这个市场的机会竟然来自一场战争。

1915 年，随着美国参战的可能性不断增加，美国政府很清楚地知道自己需要有制造军用玻璃的能力。尽管耶拿玻璃是公认的世界第一，但美国从德国进口玻璃的数量不断减少。多年以前，美国政府就鼓励像康宁玻璃厂这样的美国公司研制德国玻璃的替代品。据说，伍德罗·威尔逊总统曾要求康宁公司预先开发一款德国玻璃的替代品，用于制造美国陆军士兵使用的瞄准镜和双筒望远镜，海军士兵使用的六分仪和潜望镜，空军士兵使用的航空相机和测距仪，军医使用的温度计和药瓶，以及供化学家在实验室里合成炸药之用。

在美国即将参战的紧急关头，康宁研制出硼硅酸盐玻璃，但最理想的耶拿配方仍然受到德国专利的保护。康宁和其他公司都希望得到这些配方，最终他们如愿以偿。

美国公司可能不知道的是，和平时期的法律并不适用于战时。美国参战后，没收了近 2 万项德国专利，作为战利品的一部分。在专利保护下坚不可摧的德国垄断行业（比如苯胺紫等染料和阿司匹林等药物），被美国的一个秘密武器攻陷了。这个武器并不需要点燃，它就是《敌国贸易法》。有了这个武器，德国科学（或者说敌国的科学）成了美国人和美国公司顺理成章的攻击对象。在那些专利中，就隐藏着特种玻璃的配方。

战争结束后，康宁公司推出了一系列 Pyrex 新产品，取代了供应量不断减少的德国产品。在实验室里，有 Pyrex 的培养皿、试管和烧瓶；在家里，有 Pyrex 的烹调盘、烤箱门上的窗口和渗滤式咖啡壶盖；在汽车里，有 Pyrex 的车头灯、蓄电池外壳和压力表壳。凭借康宁公司开创的特种玻璃这个新产业，美国不知不觉进入了玻璃时代。为了维持自身在消费品领域没有竞争对手的优势，康宁公司选择了一种他们越来越擅长使用的工具——推动立法，以阻止德国玻璃在战后涌入美国市场。对德国玻璃征收的高昂关税，使其无法再像过去那样垄断市场。

这些事情都发生在大多数美国人看不到的地方，包括大多数利用 Pyrex 玻璃在培养皿中找到病因，然后在试管中研发药物的科学家。公众和科学家不知道的是，玻璃还彻底改变了世人对美国的创新与科研能力的看法。美国在科学研究方面无疑是一个超级大国，但当时的人们并不知道，美国如今的优势——特别是在玻璃领域的优势——是由战争和蛋糕这个奇怪的组合造就的。

没有玻璃的科学实验室是不完整的。通过使用玻璃，我们了解了自己的身体如何运转，天体如何移动，以及存在于水滴中的其他世界是什么样子。玻璃帮助我们改变了观察自己及其他事物的视角。

具有讽刺意味的是，尽管玻璃让我们的生活变得有序，但它的透明性是由内部的混乱产生的。玻璃中的原子没有足够的时间像士兵那样排成整齐的队列，而是待在原地，处于杂乱无章的状态，就像在课间休息时给幼儿园小朋友拍的照片一样。尽管玻璃中充斥着无序，但玻璃的透明性帮助我们用它制成的镜头、烧杯和烧瓶认识了世界。自古以来，玻璃就因为美丽而备受喜爱，也为新物质、配方和药物的合成创造了条件。19 世纪末，玻璃还帮助一位和它没什么交集的科学家预见了未来。

玻璃泡中的重大发现

在距离第一次世界大战爆发还有很长时间的1895年，科学和巫术无法区分。那一年，威廉·伦琴用神秘的射线给他妻子拍摄了一张可以显示出她手部骨骼的可怕照片。这些看不到的射线（后来被称为X射线）从一台用金属和玻璃制成的奇特装置中射出，该装置看上去就像来自"科学怪人"弗兰肯斯坦博士的实验室。报纸用了多个版面来描述从外部看到人的内部结构的场景，引得读者们争相购买。科学家也被X射线迷住了，他们中的一些人想知道这种射线还能做些什么，其他人则好奇这种射线是从哪里来的。所有这些科学家都知道，与一个拉长的玻璃罩相连接的电池会发出被称为阴极射线的发光粒子流，当阴极射线与玻璃罩内的一块金属碰撞时，就会产生X射线。有人认为阴极射线一定还有其他奥秘，所以当全世界都在为X射线欢呼时，有些科学家仍然希望发现关于阴极射线的下一个重要事实。但他们并不知道，这种发光粒子流将会解释世界是如何运转的。

尽管阴极射线早在几十年前就被发现了，但人们对它的起源一直意见不一，后来这个问题被搁置了。随着重新点燃的兴趣，科学家沉迷于有关阴极射线的点点滴滴。不过，他们并不知道阴极射线中隐藏着形成科学认识的关键。阴极射线中蕴含着所有化学反应的"通货"，隐藏着从烤面包机如何工作到行星如何诞生的各种科学问题的答案，以及推动现代科技从电视发展到计算机再到手机的微小粒子。早期科学家不知道的是，阴极射线的内部是他们从未听过的原子的一个组成部分——电子。然而，破解阴极射线的奥秘需要有线索。正如夏洛克·福尔摩斯用他的智慧和放大镜去解开谜团一样，科学家也要在玻璃下面观察阴极射线。对一些科学家来说，这个谜题的吸引力让人无法抗拒，约瑟夫·约翰·汤姆逊就是其中的一位。这个出生于19世纪的小个子男人，让20世纪和21世纪的技术飞跃成为现实。

1870年，汤姆逊14岁，似乎还不具备解答谜题的潜力。那时候他只想成为一名植物学家，这个在英格兰曼彻斯特市附近长大的男孩把他所有的零花钱都用来买每周一期的园艺杂志了。他的父亲是一位谦逊的书商，希望自己的孩子拥有一份稳定的工程师的工作。工程师是一个不错的职业，因为曼彻斯特的纺织厂把美国的棉花都变成了商品。1870年，为了让父亲高兴，约瑟夫·约翰·汤姆逊考入了曼彻斯特的欧文学院。父亲去世后，汤姆逊通过赢得奖学金努力留在学校。后来他进入剑桥大学三一学院学习数学，致力于研究数字之美，而不是只关注数字的应用。身在艾萨克·牛顿爵士曾经漫步的圣地，对任何一个书商的孩子来说都是一种了不起的成就。但是，汤姆逊始终与这所名校格格不入。

在这所古老的大学里，虽然汤姆逊感觉不太自在，但他的天赋得到了充分的发挥。1895年，39岁的汤姆逊成为剑桥大学卡文迪许实验室的负责人，以及一名心不在焉的数学教授。他的眼镜只会出现在两个地方：一个是在他的鼻子上，这表明他正在思考；另一个是在他的额头上，这意味着他正在思考更多的问题。他不会花费脑力去考虑自己仪表的问题，以至于他的头发和胡子都很长。他的大脑里挤满了抽象的概念，因此专注于阴极射线的研究意味着他更不可能去操心日常事务了。

阴极射线的起源对汤姆逊来说是个完美的谜题，因为揭秘它是一个将抽象概念与可观测事件相结合的挑战。在一根没有空气的玻璃管中，阴极射线从一个电极射向另一个电极。对于阴极射线到底如何运动的问题，科学家有两种不同的观点。一些科学家认为阴极射线是一种波，是以太中的褶皱；还有一些科学家则断定阴极射线是由像迁徙的鸟群一样共同作用的微小粒子构成的。"两种说法都不完全对，也不完全错。"汤姆逊说。尽管有证据支持这两种观点，但阴极射线不可能同时是两种东西。

判断阴极射线是波还是粒子的一种最佳方法是，观察它和磁铁的相互作用。有一个旧理论说，如果阴极射线不受干扰地越过磁铁，它就是波；而如果磁铁使阴极射线发生偏转，阴极射线就是由粒子构成的。汤姆逊想要验证这个理论，而且他知道几年前（1883年）另一位科学家做过这个实验。当时在附近有磁铁的情况下，阴极射线并没有偏转，证实了它是波的观点。不过，汤姆逊认为这个早期实验有问题。从那以后，科学工具有了很大的进步，可以把更多的空气从玻璃管中抽出，从而创造出适合阴极射线存在的真空环境。所以，认为阴极射线里充斥着粒子的汤姆逊，打算用一个更接近真空状态的玻璃管重做这个实验。

遗憾的是，汤姆逊的数学天赋并没有转化成动手能力，他是个冒失鬼。在实验室里，当他主动提供帮助时，学生们都胆战心惊，而且会尽量快速地把易碎物品搬到他够不着的地方。当他坐在实验凳上说话时，学生们都会深吸几口气。家里的情况也是一样，他的妻子从不让他在屋里动用锤子。

汤姆逊做这个实验需要帮手，那个人就是曾担任化学助教的埃比尼泽·埃弗里特。埃弗里特是一个风度翩翩、留着胡子的男人，像牛仔一样帅气，为了让自己看起来矮一点儿，他的身体总是微微倾斜。我们对埃弗里特的了解不多，只知道他是一个很有耐心的人，也是一位艺术大师，能将由普通的钠钙玻璃制成的实验室器皿变成令穆拉诺岛的玻璃大师满意的艺术品。实验室的工作台上摆放的都是埃弗里特制作的玻璃器皿，它们被木头支架固定在合适的位置上，每一面都有伸向空中的金属丝。可以说，埃弗里特是与汤姆逊的大脑相匹配的科学"肌肉"。

从1896年年底开始，汤姆逊着手构建一个阴极射线的越障场地，来解决它是波还是粒子的争论。埃弗里特制作了一个精致的玻璃泡，里面有一些零件，就像一个瓶中船模型。两根金属针从玻璃泡的一端伸出，连接在电池的两极上，产生阴极射线。在玻璃泡内，阴极射线像从软管中流出的水一样向多个方向喷射，然后经过两条充当喷嘴的缝隙，集中成狭窄的一束。这束射线会撞击圆形玻璃泡的内表面，产生绿色的辉光。

只有玻璃管内达到接近真空的状态，才会产生阴极射线。"这件事说起来容易做起来难。"汤姆逊说。为了排除空气，埃弗里特把液态汞倒入一个通过玻璃桥与玻璃泡相连的塔式容器。当重质液体落下时，会把玻璃泡中的空气吸到玻璃桥的另一边，形成真空状态。有时排除玻璃泡中的空气要花大半天的时间，所以埃弗里特一大早就开始行动了，以便赶在汤姆逊下午把实验室弄得一团糟之前做好准备工作。

这些实验只能用玻璃器皿来做。铜和其他任何金属都不行，因为金属会让阴极射线消失；木材或陶土也不行，因为它们无法保持真空；透明塑料当时还没发明。相比之下，玻璃维持真空的效果最好，而且它透明、不导电，还能随着发明者的想象变换形状。玻璃之所以在科学领域很重要，主要是因为它可以帮助科学家做他们最擅长的事情——利用他们的观察力，这也是汤姆逊最擅长做的事情。

有时汤姆逊会向同事们抱怨他的玻璃器皿，"这里的所有玻璃都像着了魔似的。"当时还没有标准的玻璃配方，玻璃管某些部分的关键成分含量要比其他部分高。而用玻璃制作实验器皿的前提条件是每个地方的成分都要一致，这样它们才会在同样的温度下熔化。而且，一块玻璃只有在工作多个小时之后，才能反映出其内部的化学键有多牢固。有时玻璃会通过少量漏气悄悄告诉我们有什么地方出了问题，而有时它会发出刺耳的爆炸声。玻璃喜怒无常，以至于埃弗里特要像对待新生儿一样去照管它。

1897年夏天，埃弗里特建成了汤姆逊用于测试阴极射线的越障场地。在此基础上，他又插入了两块金属板，并把它们和另一个电池连接起来，形成可使射线偏转的电场。当埃弗里特启动这个装置时，汤姆逊看到阴极射线朝着下方与电池正极相连的金属板移动，由此知道阴极射线带负电。之后，埃弗里特用一个巨大的马蹄形磁铁围绕着玻璃管的中心部位，当他启动装置时，汤姆逊发现阴极射线像被强风横扫的候鸟一样向上移动。根据他在随便找来的几张纸背面所做的数学运算，汤姆逊推断出阴极射线是由带负电的微小粒子构成的。他还计算出这种粒子比原子小，是当时发现的最小物质。当他和埃弗里特用不同的金属板和充有不同气体的玻璃管重复这个实验时，汤姆逊发现同一种带负电的微小粒子存在于所有材料中。他把这种粒子称为"微粒"（corpuscle），不过后来人们都称之为"电子"。

尽管汤姆逊的发现后来改变了世界，但他当时根本预测不到这一点。他发现了微小而奇怪的电子，打开了一扇科学的大门，扩展了我们对物质的认知。电子的发现让我们从根本上了解了星系、恒星和原子的形成过程，化学键中原子间的电子交换能够解释宇宙大爆炸产生的炽热气体最终如何塑造了我们。电子的发现还揭示了技术的基本组成部分，科学家开始理解电路、静电、电池、压电现象、磁铁、发电机和晶体管的原理。总之，电子的发现极大地推动了技术和社会的发展。

在汤姆逊的成长过程中，我们现在视为理所应当的很多发明都不存在，那时"没有汽车，没有飞机，没有电灯，没有电话，没有广播"。但他做实验的玻璃管中的电子将会驱动所有这些设备，以及后来出现的计算机、手机和互联网等。汤姆逊虽然很聪明，但他绝不可能预测到这种抽象科学会具有现实意义。然而，它确实如此，而且影响巨大。由于他的发现，人类社会进入了电子时代。然而，如果没有看到运动的电子，所有这些技术就都不会实现。所以，我们的现代世界是由玻璃这种古老的材料造就的。

第八章

思考

原始电话交换机的发明如何
预示了计算机硅芯片的出
现，并且重塑了人类的脑？

可塑的脑

　　1848年9月13日，一个普通的星期三下午，在佛蒙特州的格林山不远处的一个建筑工地上发生了一起可怕的事故。25岁的菲尼亚斯·盖奇是一名帅气的铁路工长，他像之前的数百次那样，用"填塞棒"平坦的一端将火药塞进一个洞里，以实现集中爆炸。然而，在这个决定性时刻，盖奇没能集中注意力。他手里那根形状像巨型缝纫针一样的棒子刮到了一块岩石，产生了火花。被点燃的火药导致3英尺7英寸长的棒子扎进了他的面部，经过左脸颊下方，从左眼后面穿过他的脑部，最后从发际线上方穿出，当啷一声飞落在他身后20码①远的地方。这根铁棍有13磅重，尖端有铅笔那么宽，底部的宽度相当于一枚银币的直径。它像火箭一样腾空而起，盖奇则砰的一声倒在地上。过了一会儿，盖奇清醒过来，血从他头部和面部的窟窿里不断流出。但他很快就能讲述事情的经过，甚至自己坐上了带他去就医的马车。

　　事故发生后，盖奇又存活了11年才离世，他的医生说他有"钢铁般

---

① 　1码＝0.914 4米。——编者注

的意志和体格"。尽管他的身体基本无恙，但他的思维和性情变得不一样了。事故发生前，身材高大、一头黑发的盖奇是个友善、可靠又聪明的年轻人，深受工友们喜爱；而事故发生后，他变得暴躁古怪，像个小孩子一样，还老骂人。他的很多朋友都说，经历了那场事故的盖奇"不再是盖奇了"。他表现出的双重人格让早期的医生们看到了如何改变脑。如今，神经科学家对脑有了更多的了解，并且知道它会发生各种程度的改变。脑实际上是被它所处的环境改变的。对盖奇来说，一根铁棒顷刻间就使他的性格发生了显著改变；而对我们来说，人脑正在被计算机和互联网悄然改变着。

尽管脑至今仍是一个谜，但自乡村医生给盖奇做检查之时起，我们对脑的工作机制已经有了更多了解。科学家知道脑的某些区域有特定的功能。盖奇的脑部创伤位于他头部最前面的地方，这里有能够解释他性格变化的线索。

脑的形状好像一根棍子上顶着半颗葡萄，在它底部的背面还有一根作为装饰的小枝。葡萄对应于大脑，棍子对应于脑干，小枝对应于小脑。脑干控制无意识的功能（比如呼吸和心跳），小脑控制平衡和协调功能，大脑则让我们成为我们。大脑是我们思考、感觉、记忆、说话、创造和感知的部位，大脑的前部被称为额叶，它控制着注意力、专注力、条理性和抑制冲动等功能。铁棍正是从额叶穿过了盖奇的大脑，这可以解释他为什么注意力不集中、不可信赖、脾气时好时坏，以及喜欢说脏话。盖奇的脑前部在那个时候备受关注，而我们现在关注的是人脑中负责处理和储存信息的部分，因为它们的功能正在被我们使用的电子设备改变着。

世世代代的人常有这样一种看法：在生命的某个阶段之后，人脑基本上就不会改变了，那时人们将无法建立新联系、学习新事物或获得新技能。这意味着，一个人一旦开始变老，就永远不可能学会说西班牙语、弹吉他或做南方菜。如今，科学家已经知道事实并非如此。人脑是可塑造的，可以学习新知识并形成新连接。科学家说，人脑具有可塑性。

脑的塑造过程是人类进化的一部分，人脑最初是大约 20 万年前来自非洲的古人类后代——智人的脑。尽管我们的脑是石器时代的产物，但我们的技术增强了脑的功能。学会使用火等简单的工具，使古代直立人的脑得以发展。通过减少咀嚼和消化生食所需的能量，烹饪使人类将身体的资源用于形成更大的脑。之后，印刷机让人类可以通过印刷在纸上的文字相互交流。通过大范围地传播信息，书籍扩展了我们的思想，让我们有更多的机会去深入思考。人脑的适应进化过程并未结束，它还在继续。听广播长大的一代人和看电视长大的一代人相比，他们在听觉能力和想象力方面是有差异的。互联网以及使其成为可能的计算机，则是下一项塑造人脑的技术。

人脑的改变不会花费太长的时间，人的一生足矣。科学家已经研究和证明了人脑的可塑性，他们借助磁共振成像（MRI）技术，观察了活体大脑及其工作机制。研究人员发现，在技艺精湛的音乐家脑中，有一个部分（位于大脑皮层）比其他人大。在伦敦的出租车司机默记各条街道的过程中，他们脑中的记忆中枢增强了。即使是那些仅在为期几周的科学实验中学会了如何玩杂耍的人，他们脑中顶叶的某个部分也会变大。这些结果和许多其他研究都表明，人类可以改变自己的大脑。这个消息令人既愉悦又担心。大脑的可塑性是一种天赋，是我们脑袋里那个三磅重的奇迹所具备的超强灵活性。但这种能力也意味着，人脑可以在我们参与或者不参与的情况下被改变。当下，人们对互联网的使用是持续性和普遍性的。这意味着网络不仅在扩展我们的能力，也在改变人脑的思维方式。

人脑和计算机有许多相似之处。脑由复杂的神经通路组成，这些通路负责向其他部位发送信息、处理信息和存储信息。计算机也具有发送信息的电路，然而，信息的处理及与计算机其他部分的沟通，需要人脑开发出另一种要素，所以计算机经过了几个世纪才发展成我们现在看到的样子。现代计算机的成熟完全取决于硅晶体管的发明，它们可以像水龙头一样开关电流。尽管电流的开关很简单，但这种能力足以创造出一种以"开"和"关"的二元状态为基础的计算机语言，从而使晶体管能够相互传递信息。晶体管及其二进制代码发挥的作用超过了其他各个部分的总和。在计算机内部，晶体管通过互相发送信息来处理、计算或执行逻辑操作，使整台计算机具备了思考能力。然而，所有这些部分直到20世纪才整合到一起。这个过程开始于19世纪，当时出现了硅晶体管的原型——一种简单的开关。

最精密的计算机中的硅晶体管起源于人们对电流进行开关的需求。这些目前年产量达到天文数字级的晶体管，推动了计算机的进化，进而推动了人脑的进化。人脑和"硅脑"间的相互作用，让我们看到了创造者如何被自己创造的东西改变。但在关于计算机的发明构想还未成形之前，通过电话线与别人交谈的愿望，促使一位从事过殡葬业的发明家产生了一个改变人类社会在此后两个世纪中的发展进程的想法。关于晶体管的故事，要从1877年康涅狄格州纽黑文的一个周五晚上讲起。

茶壶把手和内衣钢圈

1877年4月27日，在康涅狄格州纽黑文的斯基夫歌剧院，人们排队购买75美分一张的门票，去观看30岁的亚历山大·格雷厄姆·贝尔在周五晚上举办的"电话音乐会"。贝尔在1875年发明了电话，并在1876年的费城百年纪念博览会上引起了轰动。在歌剧院几乎空无一物的舞台上，贝尔站在一张小桌子旁，桌上放着他的电话，这部电话由一个可以装下一只鞋的矩形木箱和末端的一根管组成。另一部电话悬吊在天花板上，还有一部放置在大厅后面。贝尔对着那根管说话，随后从看不见的地方传来了另一个人的声音。听到这个声音后，300名观众自发地报以雷鸣般的掌声。

发出声音的人是贝尔23岁的助手托马斯·A.沃森，沃森就是一年前在波士顿的阁楼里听到隔壁的贝尔用电话呼叫他的人。此刻，沃森身处康涅狄格州的米德尔敦，相隔30英里的两个人依靠电报线路传递彼此的声音。纽黑文的观众被这段电话交谈迷住了。《纽黑文晚报》评价道："在这座城市，从未有过如此有趣的表演。"演示结束后，贝尔向现场听众解释了电话是如何利用振动传递声音的，他还谈到了这个发明将如何通过中心局连接千家万户。贝尔的这个构想在一位观众的心里生了根，他的名字叫作乔治·W.科伊。

演讲结束后，科伊立刻与贝尔进行了交谈，希望能将电话引进康涅狄格州。科伊是一位参加过内战的老兵，海象式胡子让他那张孩子气的脸显得成熟。尽管他的左手丧失了功能，但这并没有阻止他勤奋工作。他在大西洋和太平洋电报公司做了8年的区域经理，并且似乎打算在那里干一辈子。在了解了贝尔的电话之后，科伊说，"我要马上开始"建立电话交换系统。1877年11月3日，贝尔给了科伊电话特许经营权，几个月后，科伊成立了纽黑文地区电话公司，在那里，被公认为"近年来最伟大的发明"的电话可以与科伊发明的交换机相连。

神奇的材料

陆陆续续地，科伊拥有了屠夫、药剂师、私人住宅和马车制造商等21名用户。1878年1月28日，一个多云飘雪的冬日，他设在纽黑文博德曼大厦（这座共6层的砖砌建筑位于市中心繁忙的教堂街219号）一层的公司开业了。这间窄小的店面看起来就像一节火车车厢，里面有一个平放的用作办公桌的板条箱和一个用作椅子的肥皂箱，而供客户使用的唯一一件家具是一把破旧的扶手椅。靠墙放着一块门垫大小的木板，长3英尺、宽2英尺，它是科伊去往未来的"门票"，也是他公司的核心设备——交换机。

这台设备是科伊用从家里取来的现成材料构建的。他把马车螺栓钉在黑色的胡桃木板上，构成了用户电话线的终端。与螺栓相连的是他用从茶壶上拆下的把手制作的控制杆。在木板背面，他从妻子内衣上取下的钢圈将螺栓连接在一起。这块木板上拉出的粗电报线从后窗延伸到屋顶和树梢，最终进入用户家里。

如果两个人要用科伊发明的装置打电话，中心局就要先接听一方的电话，然后在交换机上通过操作一系列的开关将这个电信号传递到另一方那里，类似于在棋盘上移动棋子。其中包括很多步骤。在家里打电话的人按下一个会让中心局的电话铃声响起的按钮，提醒接线员有用户需要帮助。接线员扳动一个开关以接通用户的线路，为了通过耳机听到用户说话，接线员还要扳动另一个开关。得知用户要把电话打给谁之后，接线员会让用户等待，并把耳机开关调到"关闭"状态。接着，接线员扳动第三个开关，通过另一条线路与被呼叫方建立连接。然后，接线员把耳机开关再次调到"打开"状态并等待。当被呼叫方终于拿起电话时，接线员会把耳机再次调到"关闭"状态。最后，呼叫方和被呼叫方的通话开始了。

这台每次只能处理两通电话的交换机尽管很原始，却实现了亚历山大·格雷厄姆·贝尔的电话线会"像煤气和自来水一样"进入千家万户，以及人们将会认为电话"不是奢侈品而是必需品"的预言。然而，要使电话线像煤气和自来水一样，就需要有一种开关电信号的方法。自来水有水龙头，煤气有阀门，而电话的电信号有开关，这就是科伊的发明的核心所在。

电话很快就抓住了公众的想象力，中心局和交换机的规模也随着用户需求的增长而不断扩大。交换机刚开始运行时，有几名年轻的男性负责处理相关工作。到了鼎盛时期，有几十名女性担任总机和电话交换机的接线员，她们比男性更有礼貌，表现也更好。电话数量的增长使得交换机的开关和工作人员的数量不断增长。随着交换机变得越来越简单，接线员的工作变得越来越复杂，她们不仅要排除线路故障，还要代表用户做出决策。在本质上，女性接线员就是开关。最终，电话在交换机和女性接线员之间建立了一种共生关系，这种关系一直存在着，直到堪萨斯城一位喜怒无常的殡仪员出现。

秘密任务

阿尔蒙·史端乔砰的一声关上了电话修理工身后的门。对密苏里州堪萨斯城的这位急躁的殡仪员来说，这是他每周必做的一件事。从1888年开始，史端乔就养成了给密苏里和堪萨斯电话公司的中心局打电话，并且投诉和咒骂对方的习惯，因为他认为殡仪馆的电话坏了。通常的情形是，一位无可指责的修理工步行10分钟来到西九街的殡仪馆，查找史端乔报修问题的原因。修理工转动电话上的曲柄给总机打电话，进行常规的线路测试。接线员接起电话后，成功完成了从史端乔的线路打出和打进电话的转接。一切运转正常，于是修理工报告说不存在线路故障。尽管如此，史端乔还是不满意。他确信自己因为错过客户的电话而损失了生意，并且怀疑电话接线员是罪魁祸首。史端乔发誓要做点儿什么。

阿尔蒙·布朗·史端乔身材矮小，脾气暴躁。他在电报机诞生几年之后出生，在纽约州罗切斯特市郊区的彭菲尔德长大，一家人从他的祖父母那一代开始就定居在那个小镇上。史端乔饱受流浪癖的折磨，22岁生日那天，他入伍参加美国内战，被分配在纽约第8装甲部队A连。史端乔的体重仅为110磅，他蓄着络腮胡，目光严肃。作为一名前线号手，他的好斗和无畏弥补了他的所有缺点，他用冲锋号指挥着部队的行动。他在温切斯特负伤后晋升为少尉，并于1864年12月8日光荣退伍。然而，战争从未远离他。他的性情极其古怪，脾气暴躁易怒，为人褊狭刻薄。

内战结束后，史端乔辗转于几个不同的州，包括俄亥俄州、伊利诺伊州和堪萨斯州，在那里教书和务农。1882年，他带着第二任妻子和两个女儿来到堪萨斯州的托皮卡，决定从事一个可以自己做主的杰出职业。由于受训成为一名外科医生或牙医需要时间和金钱，史端乔选择学习了殡仪课程。

1882年，史端乔买下了威廉·麦克布莱特尼在北托皮卡的殡仪馆。这份工作很稳定，但他想扩大事业版图，所以需要搬去一个人口更多的城镇。1887年，他搬到密苏里州的堪萨斯城，并且买下了另一家殡仪馆。不久后，他与电话公司的麻烦就开始了。

一天，史端乔走进办公室，脱下深色的工作外套，然后坐在办公桌前看报纸。仔细阅读讣告版时，他发现自己的一个朋友去世了，殡葬事宜是由他的竞争对手处理的。这让他极其生气，我们现在并不清楚他生气是因为失去了一个朋友还是因为失去了一个客户。但很清楚的一点是，史端乔猜测是电话接线员导致他失去了这笔生意。

史端乔突然有了灵感。他跳到自己的办公椅上，打开抽屉，发现了一个装满纸质衬衫领子的圆盒。他把里面的东西都倒进了垃圾桶，这样他就可以使用这个盒子了。接着，他拿来大头针，把它们插在盒子的一侧，横排10枚，竖列10枚。他想象这100枚大头针连接着100条电话线，然后他在中间转动一支铅笔，像钟表的分针一样连续地触碰每枚大头针的头部。一支固定在杆子上的铅笔可以像电梯一样上下移动，触达每一枚大头针，而且这个动作是由电池驱动的。如果有人想拨打67号电话，只要向上移动6格，再向右边移动7格，就可以打通电话。他设置了一个步进式开关，并且认为只要把磁铁、马达、杆子和齿轮正确地组合在一起，铅笔就可以和某一枚大头针相连，无须人工操作即可拨打电话。电话接线员这个职业存在的日子不多了，这个想法让他一下子振奋起来。

一天，他在向中心局投诉电话问题的时候，联系上一位名叫赫尔曼·W. 里特霍夫的经理。里特霍夫登门拜访了史端乔，也感受到了他的愤怒。里特霍夫是一个爱笑的好脾气的人，他不仅让史端乔冷静了下来，还发现了他的电话出问题的真正原因。殡仪馆外的指示牌触碰到电话线，导致线路短路，所以电话无法接通。这让史端乔喜出望外，他觉得有必要跟自己的这位新朋友分享些什么。于是，史端乔向里特霍夫展示了他设想的将会取代电话接线员的设备草图。里特霍夫看完之后，笑了笑就走了。

里特霍夫不知道的是，史端乔事实上在做一件很重要的事情，他正在创造一台自动电话交换机。等到自动电话交换机被发明出来，下一步就可以实现大规模的电话服务了。

1891年，史端乔离开堪萨斯城，在芝加哥创立了史端乔自动电话交换机公司，按照他用衣领盒、大头针和铅笔设计出的模型制造设备。1892年11月3日，他在印第安纳州拉波特市为他设计的第一个电话交换系统举行了落成仪式。在交换机中心，靠墙的架子上摆着几十台史端乔交换机，它们像啄木鸟一样咔嗒咔嗒地敲击着电话号码。

在用户家里，安装在墙上的电话有5个类似跳水板的控制杆。每根杆的末端都有一个标签，分别是"0""10""100""1000""R"。用户通过按动这些控制杆来拨打电话，如果一位用户要拨打一个电话号码73，"10"号杆就会被按7下，"0"号杆则会被按3下。通话结束后，用户可以按下"R"让控制杆恢复到初始状态。

再回到交换机中心，那里的一组设备将利用用户按动控制杆产生的电脉冲施展"魔法"。杆上的电动刮片（对应模型中的铅笔）会按照用户的指令，先垂直移动7次，再水平移动3次，然后与电话线相连。随着用户数量增加，电话号码变长了，电话交换机也越来越大。史端乔的开关是协同工作的：接听电话，咔嗒；将电话发送到镇里的某个区域，咔嗒；然后到某条街道，咔嗒；最后到达某一户，咔嗒。尽管这种自动开关是为了让人脱离电话网络而设计的，但这项发明也在无意间让人脱离了其他的领域。

在一代人的时间里，科伊把开关安装在电话交换机上，史端乔则让它们实现了自动化。电话公司的管理层很快就意识到，没有足够的女性接线员或可靠的开关来应对不断增长的电话用户。所以，他们需要一种小型开关。1947年，在史端乔发明自动交换机的几十年后，解决方案终于出现了，那是一个看似科学项目出了问题以后诞生的怪异装置。它很丑，由一块薄薄的银色石头、一个三角形塑料片和一条金色的带子组成，所有这些东西都靠一枚回形针固定。不过，对物理学家来说，这个叫作晶体管的东西很美丽。它其实是一种小型开关，但它的意义不止于此。晶体管后来成了现代计算机的核心，它利用二进制语言让机器能够思考。

晶体管可以控制电的运动。如果没有它们，电就会像脱缰的野马一样失去控制；如果有了它们，电不仅可以被操控，还可以像骡子一样工作。尽管史端乔的开关和看起来像复杂版灯泡的真空管可以充当电话公司的开关，但史端乔的开关会磨损，真空管则易碎或被烧坏，而且费电。相比之下，晶体管没有那么脆弱，所需的电力也更少。晶体管的发明宣告了电子时代的到来。有了晶体管，大型机械可以变得很小；有了晶体管，更小的空间里可以容纳更多的电路。所有科学家都想参与晶体管的制造，其中的一位不得不从得克萨斯州出发，踏上漫漫征程。

化学家的逆袭

1930 年，当即将取得化学博士学位的戈登·蒂尔来到贝尔实验室时，他已经准备好成为那里闪耀的明星之一了。遗憾的是，贝尔实验室里的所有人都是这样想的。蒂尔发现这里有一个层级序列：物理学家处于最顶层，负责在黑板上写理论公式；冶金学家次之，负责把实践知识运用到工作台上；化学家则处于最底层，在玻璃器皿中制造着其他人想象出来的东西。化学家是配角，而非主角。他周围的其他化学家似乎对这种安排非常满意，但就像他的实验器皿里沸腾的液体一样，蒂尔迫不及待地想做更多的事情。

　　戈登·蒂尔一度是得克萨斯州中部平原最聪明的男孩,他也很清楚这一点。1907年出生于达拉斯的他喜爱所有与科学相关的东西,他的性格特征可以用"静水流深"这句古老的格言来形容:既有南方人的谦逊,也有不动声色的凶悍,而这一切都隐藏在他那张毫无表情的脸后面。他是一个内向腼腆、言谈温和的得克萨斯州人,他的母亲阿泽莉亚希望他能成为一名优秀的浸礼会教徒。

　　蒂尔就读于离家不远的贝勒大学,之后遵照母亲的意愿,前往布朗的一所浸礼会学校攻读研究生。读研期间,蒂尔爱上了锗元素,这纯粹是出于一种科学好奇心,因为锗几乎没有什么实际用途。蒂尔让它经历了各种化学实验和溶液的考验。不过,蒂尔和锗都被低估了,前者隐藏了情感,后者则隐藏了它的化学性质。蒂尔致力于锗的研究,并把他的兴趣和专业知识带到了贝尔实验室。但在那里,他没能借助这种元素获得太多关注。

　　1947年12月,科学家约翰·巴丁和沃尔特·布拉顿发明了现代计算机的基本元件——晶体管,他们的上司威廉·肖克莱也在尝试同一项发明。在晶体管内,微小的电信号可以被放大。为了使晶体管正常运转,布拉顿将两根金属丝插进一大块锗里,并把锗放在与另一个施加电压的电路相连的铜基上。他们发现,当从一根金属丝输入的微弱信号从另一根金属丝输出时,强度变大了很多。尽管输入信号是"轻声细语",但输出信号是"惊声尖叫"。他们还发现,经过锗的电流可以像水龙头或开关一样打开或关闭。

　　贝尔实验室正在寻找一种新的接通和转接电话的方式,去取代数以百计的女性接线员。考虑到美国人打电话的次数急剧增加,贝尔实验室的高层开玩笑说，他们可能需要雇用全美50%的女孩来做接线员。此外，贝尔实验室想找到一种不像史端乔的发明那样会发生磨损的装置。晶体管就可以被用作这种开关。

除了找到新开关，贝尔实验室还需要放大电话信号。在蒂尔小的时候，从得克萨斯州打电话到纽约州是不可能的事，因为电话信号在铜线中传输时会变得越来越弱。随着真空管的引入，微弱的信号得到增强，打长途电话成为可能。然而，真空管效率低下：它们大而耗电，还很容易爆炸。相比之下，同样可以放大信号的晶体管只有豌豆大小，温度始终不高，耗电量较少，故障率也很低。贝尔实验室发明的晶体管是电子时代的圣杯，而晶体管的关键部分正是蒂尔最喜欢的元素——锗。

在科学界，电子电路中接通和关闭电流的能力极其重要，蒂尔和其他科学家都知道这一点。于是，贝尔实验室内部及其米色砖墙之外的人都想参与这个项目，新的学科、发明和产业即将成为可能。尽管人人都强烈要求参与其中，但它属于物理学家和冶金学家的研究领域。在贝尔实验室的默里山园区内，这些研究人员工作的大楼与蒂尔所在的部门是分开的。在这个实验室的研究计划中，晶体管项目离蒂尔很遥远。

不过，蒂尔很想加入这个团队，他不仅指出锗的优点，还指出了采用一种无瑕单晶的好处。由多个晶粒组成的晶体（多晶）内部有被称为晶界的分界面，看起来就像破碎的挡风玻璃一样。这些分界面好似减速带，会减缓电流的运动，从而使不同晶体管的工作情况出现差异。相比之下，电子在单晶内的移动速度更快，不同晶体管的表现也都一样。然而，物理学家——尤其是晶体管研制小组的负责人威廉·肖克莱——并不认为他们需要蒂尔的单晶。肖克莱是包括巴丁和布拉顿在内的固体物理研究组的组长，他试图控制这个项目的方方面面。肖克莱就像罗马官员本丢·彼拉多[1]一样，决定着所有新提议的命运，而他把蒂尔的想法钉死在十字架上。

　　1948年9月下旬的一个秋日，蒂尔难得可以按时回家吃晚饭。他从实验室出来，沿着一条似乎长得没有尽头的过道走到主出入口，搭乘去新泽西州萨米特火车站的公交车。他坐上了下午5点50分的末班车，于6点07分到达火车站。他下了火车再走15分钟就到家了。由迈克尔·德卡尔索运营的萨米特和新普罗维登斯的公交线路，为贝尔实验室的员工们提供了可靠的服务。在一个由不同的研究实验室组成的智能世界里，可靠的基础设施（比如雇主资助的交通工具）会让优秀的人才在不必担心如何回家的情况下充分施展才华。因为每天只有几百名乘客，所以这条公交线路并不赚钱，然而，世界上最聪明的一群人都是坐着这路公交车上浅绿色的软座回家的。这辆产于1940年的大客车由怀特汽车公司制造，外形像一条面包，每加仑汽油能让它跑3英里。它载着科学家往来于贝尔实验室的发明世界和现实世界之间。对许多像蒂尔一样的人来说，尽管他们的身体在移动，但他们的思想始终停留在默里山的米色砖墙后面。

　　那天傍晚在等公交车的时候，已是不惑之年、身材发福、头发变少的蒂尔站在他的同事、机械工程师约翰·利特尔旁边。在贝尔实验室，包括蒂尔在内的化学家地位都很低，工程师的地位则更低。不过，约翰·利特尔是晶体管项目组的成员。利特尔在新泽西州默里山和纽约有两份兼职工作，当他们走上三级台阶，并进入公交车的海蓝色车身时，利特尔

---

[1]　本丢·彼拉多：古代罗马帝国的犹太总督，他下令将耶稣钉死在十字架上。——编者注

抱怨说他急需一小块锗来完成晶体管项目。他们俩把手提箱放到行李架上后坐下来，属于蒂尔的时刻终于到来了。他用冷静、沉着和低调的语气告诉利特尔："我可以给你做一根锗棒。"然后，他补充道："而且是单晶锗棒。"

在短短4英里的车程中，时间对这两个人来说是静止的。他们从芒廷大道出发，在从口袋里掏出的破旧小纸片上潦草地写下计划，周围的风景也变得模糊不清。他们制订了一个为晶体管项目制造单晶锗棒的设计方案。

他们决定从液态金属中拉出晶体，就像用绳子在糖水中提取出冰糖一样。两天后，1948年10月1日，蒂尔放下手头的工作，来到纽约市西街463号一楼的利特尔实验室，兴奋地组装着那些高大的设备。为了使设备正常运转，他们需要将锗加热到极致，所以他们使用了利特尔实验室里的加热线圈。他们需要真空环境，所以他们利用真空系统将空气全都抽走。他们需要阻止锗发生化学反应，所以他们安装了一个氢气罐，让气体流过晶体。他们还需要慢慢地将晶体从熔融物中拉出，所以他们拆开一个时钟，取走了它的马达。

他们的方法是将一小粒锗晶种浸到巴掌大的盛满熔融锗的熔池中。当冷的晶种底部接触到热的液体表面时，它们会立刻粘在一起。随着蒂尔慢慢地把晶种往上拉，薄薄的液体就会在晶种下面凝固，一层一层地形成长长的晶体。他们从这种熔融物中得到了一根银色长棍，它的有些部分像树一样有节，有些部分则像线一样细。蒂尔掌握了熔融物与固体之间相互较量的规律，从熔融物中拉出了锗晶体。

这种拉晶法是在第一次世界大战爆发的几年前偶然被发现的。1916年，波兰科学家扬·柴克拉斯基（也译作丘克拉斯基）准备结束一天的工作，他用钢笔记录实验室笔记后，没能把笔插回墨水瓶里，而是一不小心插进了旁边一个装着熔融锡的罐子里。柴克拉斯基看了一眼，发现钢笔尖上挂着一根细细的金属线。就这样，柴克拉斯基找到了一种得到完美金属块的快速、简单且廉价的方法，与居里夫人、尼古拉·哥白尼并肩成为波兰最伟大的科学家。尽管他的名声从未跨过大西洋，但他的研究成果做到了。

蒂尔和利特尔借鉴了柴克拉斯基的方法，在未得到管理层批准的情况下，制造出有一只手那么长的片状锗金属晶体。锗晶体的内部完美无瑕，外表却像多节的树枝一样丑。不过，晶体管项目团队的反应可不像锗晶体内部那样完美。当蒂尔用这些晶体去吸引物理学家的关注时，他们拒绝采用，肖克莱的一番没必要用锗单晶的话语仍然回荡在贝尔实验室的大厅里。蒂尔知道肖克莱可能会很固执，他说"我觉得那样很蠢"，因为没有单晶，就"完全是失控状态"。

在肖克莱身边工作的蒂尔继续寻找进入晶体管项目团队的方法。他先是和约翰·利特尔一起工作。之后，他把目光转向了杰克·莫顿——晶体管研发和制造的负责人。蒂尔向莫顿强调，如果晶体管要作为真正的开关和信号放大器使用，就需要消除自然存在的瑕疵。值得一提的是，高纯度和高度完美的晶体让设备的生产能够受到更多的控制，也造就了研究锗及其他类似元素（被称为半导体）的新学科。那群物理学家都很短视，只想着一次性的原理证明和获得诺贝尔奖的机会；而蒂尔考虑得很长远——可复制且可靠的开关及信号放大器的大规模生产。莫顿终于被说服并为蒂尔的项目提供了资金，但蒂尔也需要继续完成他所在部门的日常工作。

在1949年的大部分时间里，戈登·蒂尔每一天都要做两份工作。白天，他在1号楼三层的实验室里研究用于制造新型耳机的碳化硅；而从下午4点30分开始，他在一层的冶金实验室里研究锗。在冶金部的技术人员下班回家后，蒂尔会拿出存放在他们储藏室的设备，将又大又重的电插头插好，为拉晶机供电，并将氮气、氢气、水和真空管线连接到系统上。整个装置宽2英尺，高约7英尺（比5英尺11英寸的蒂尔还高），操作起来有些麻烦。

整个晚上，蒂尔都在研究制成更长晶体、无瑕晶体和大晶体的条件。在太阳升起之前，他会记好笔记，拆掉连接在设备上的所有东西，然后把设备送回储藏室。几个小时后来这里上班的技术人员都没意识到，在他们晚上睡觉的时候实验室里仍有人在工作。

尽管蒂尔的妻子莱达通常会支持丈夫长时间地工作，但她并不开心。在他们20多岁的时候，工作到凌晨是一件很浪漫的事。那时蒂尔在纽约工作，她会从他们在蒂曼广场上的小公寓走到实验室，在那里和蒂尔一起吃饭，然后她会趴在工作台上睡觉，蒂尔则一直工作到深夜。当时，他们都觉得这很好。但现在，蒂尔夫妇有了3个很少能见到他们父亲的儿子。蒂尔多年后说道："我的家人有一种失去我的感觉。"当儿子们见到他时，蒂尔从来不谈棒球，而是谈论锗以及从熔融物中拉出锗晶体的技能。

戈登·蒂尔制造出越来越优质的晶体，并把它们送给各个研究晶体管的团队，他像马拉松运动员一样从贝勒出发，一路实现了大多数科学家都倾向于做的事情。蒂尔终于在物理学家工作的那栋楼里拥有了一间自己的实验室，一位名叫厄尼·比勒的助手，还在一个房间里摆满了高低错落的拉晶机。就连肖克莱也改口说锗晶体是有用的。最终，蒂尔进入了一个核心圈子，与包括"王者"肖克莱在内的其他科学家一起工作。到1949年年底，实验室里的每个人都在使用戈登·蒂尔制造的锗单晶。

蒂尔与化学家摩根·斯帕克斯通过在液态锗中加入其他成分，完成了一项新发明，使物理学家用回形针、金箔、塑料和不完美的宝石创造出来的装置变得实用。在生成锗晶体的过程中加入镓和其他元素，锗晶体会像蛋糕一样沿其长轴方向分成不同的两层，这两层通电后的反应不同，形成所谓的PN结。至此，晶体管演变成一种比之前在科学项目中更有用的形式，蒂尔离成功也更近了一步。但是，他想从一群卓越的人当中脱颖而出还很难。1952年12月底，蒂尔做出了选择，他告别了贝尔实验室的同事们和东海岸地区，冒险回到发展空间广阔的家乡得克萨斯州。他在一家刚更名为德州仪器的小公司开始了他新的职业生涯。毫无疑问，他的母亲一直在期盼着这一天的到来。

几年后，1954年5月10日，来自一家不知名公司的科学家戈登·蒂尔计划在无线电工程师学会于俄亥俄州代顿市举办的一次电子学会议上发言。在上午的会议中，来自美国无线电公司、西部电气、通用电气和雷声等大公司的与会者，听到演讲者一遍遍地强调用硅制造晶体管有多么不可行。尽管硅是锗的一种更坚固耐用的同类元素，但要把它制成晶体是极具挑战性的。蒂尔怀着有些激动的心情等待着发言的时机，而那些工程师则要皱眉头了。

终于轮到蒂尔发言了，在他的演讲进行到一半时，他的同事威利斯·阿多克斯推出了一台留声机。观众们兴奋起来，转过头听着阿蒂·肖的《峰会岭路》45转唱片中少有的单簧管和羽管键琴的合奏。这台留声机的侧面插着一块短板，上面平直的部分有固着电路，看起来像一把电动抹刀。蒂尔告诉观众们这个电路中有锗晶体，然后将短板和电路浸在热油中，唱片发出的单簧管和羽管键琴的合奏声由此受到了静电干扰。
与会的科学家并未感到惊慌，因为他们知道锗最不为人知的秘密就是在
加热时会变得不稳定。

蒂尔继续做演示。他把另一个电路连接到一块短板上，播放音乐，
然后把第二块短板浸在热油里。这一次，单簧管和羽管键琴的合奏音听
起来并没有受到静电的干扰。蒂尔告诉观众们，此刻在为他们播放音乐
的是一个硅晶体管。

一位观众跳起来问蒂尔："你们生产硅晶体管吗？"蒂尔毫不迟疑地
回答说："我外套口袋里刚好有几个。"他一边说着，一边把手伸进口袋，
掏出一个小型金属装置，它看起来就像科幻电影里三条腿的机器人。未
来已然到来。

一位观众冲到公用电话前，对着电话那头的人喊道："得克萨斯州有
硅晶体管了！"冶金学的奇迹变成了现实，蒂尔也获得了人们迟来的关
注。但更重要的是，计算机犹如《绿野仙踪》里的铁皮人拥有了自己的
脑子。有了硅晶体管，计算机获得了一种协同工作时威力更强的基本构
件，就像电话交换机上的开关一样，不过规模要大得多，让计算机可以
进行计算和思考。在晶体管的这种基本构件——硅基开关——相互结合
的时候，它们不仅能使计算机变得比人类更聪明，还能改变人类的思维
方式。

塑造大脑

随着科伊、史端乔、蒂尔和许多其他科学家利用当下的技术制造出

更好的开关，这些开关成了电话系统和后来出现的计算机的核心部件。然而，这些开关的出现也推动了人脑的再造，并影响着人类的思维方式。早期的计算机承担着提高人类认知能力的简单任务，随着科学和工程学的巨大进步，计算机技术发展到足以构建覆盖全球的互联网的程度。其中，晶体管的发明是让计算机和互联网变得无处不在的一个主要因素。计算机出现前后的世界是完全不同的，如今学者们正在审视包含晶体管、计算机和互联网在内的人类社会，可以肯定的是，这些技术正在重塑我们的大脑。

尽管学者们都认同互联网的覆盖范围已经扩展至我们的大脑，但这里存在一个争论：互联网让我们变得更聪明还是更愚蠢了？这个问题的答案是："这很难说"，或者"这取决于你问的人是谁"。每当科学家做对照实验时，他们都会让一组实验对象做出改变，同时让另一组保持不变，第二组被称为对照组。在测试互联网的影响时，要找到没用过互联网的实验对象是极其困难的，也就是说很难找到对照组。而那些可以作为对照组的人或许存在其他不适合做比较的问题，比如，讲不同的语言，遭受贫困，或者生活在不同的文化中。即便如此，这样的困难也不能阻止科学家、学者和公民对互联网的影响做出判断或凭直觉发表观点。

乐观主义者认为互联网让我们变得更聪明。只需点击几下鼠标，我们想要的数据就会直接出现在电脑屏幕上。只要花蜂鸟拍打一次翅膀的极短时间，我们就能回答如下问题：廷巴克图在哪里？犹他州的首府是哪里？一英里等于多少英尺？而在几十年前，回答这些问题需要花费的时间比拿到一份比萨饼外卖的时间还要长，因为我们必须有一张地图，或者在图书馆里查阅百科全书，或者拿出一张换算表和一台计算器。"互联网是一种非常棒的工具，能让你瞬间接触到整个星球上的所有想法。"

神经系统科学家大卫·伊格曼说。"我认为它绝对不会让我们变笨。"他说，"我认为它会让我们变得聪明得多。"

然而，其他人对互联网影响的看法并不乐观。自2008年以来，即谷歌公司成立10年和互联网诞生18年后，以尼古拉斯·卡尔在《大西洋月刊》上发表的《谷歌让我们变傻了吗？》为代表的文章，就一直在强调互联网发出的显而易见的危险信号。卡尔在他的探讨互联网如何改变人脑的著作《浅薄》中指出，充斥着自助餐式的杂乱事实、媒介类型（文本、图片、视频和音频）和各种链接的网络，迫使人脑消化和吸收着原始的未加工信息，以致大脑不堪重负。基于几个世纪以来从书本中获得的知识，人类的大脑已经形成了线性思维，也就是从第一个想法流动到第二个，再流动到第三个。然而，网络上的想法并不是流动的，它们往往只为了博人眼球。此外，随着信息的泛滥，我们已经养成了新的阅读习惯以适应这种情况。在阅读网页时，我们会通过略读文本、寻找关键词和快速浏览来获得我们所需的内容。神经科学家告诉我们，由于形成了新的阅读习惯，我们的大脑在这些技能方面变得更加熟练。一些科学家和学者认为，我们在使用互联网时养成的学习习惯削弱了我们深入思考的能力。

科学家已经知道，我们的记忆是由短时记忆和长时记忆组成的，前者储存的信息只能保留几秒钟，而后者可以保留好几年。此外，还有一种工作记忆，它像便签一样把短时记忆和长时记忆连接在一起，从长时记忆中检索到的想法将在这里呈现出来。计算一顿饭的小费，记起食谱的下一步，在脑海中旋转一个物体，这些都发生在工作记忆中。

工作记忆可以储存的信息量是有限的。20世纪早期，电话公司在致力于制造出更好的交换机的时候，就知道了这种局限性。20世纪20年代，随着电话开始流行，为了保证大城市的每个用户都有独一无二的电话号码，电话号码被设计成7位。

电话号码一开始并不都是数字，而是由字母和数字组成，比如，某个纽约的电话号码可能是"PEN5000"（PEN表示宾夕法尼亚州）。到了20世纪六七十年代，所有电话号码都变成了7位数字。然而，一个问题随之出现：人们会拨错电话，原因是他们记错了电话号码。贝尔实验室资助了一项关于工作记忆的研究，致力于研究人们对像"15553141593"这样的长串数字的记忆能力。这项研究发现了两件重要的事情。一是如果把数字分成1–555–314–1593，电话号码就能被正确地记住（这也解释了为什么美国的电话号码是现在的样子）。二是工作记忆就像一条快速收银通道，只能处理数量有限的信息。对工作记忆来说，这个神奇的数字（差不多）是7。

我们对信息的消费受到工作记忆的限制。正如卡尔在《浅薄》一书中解释的那样，工作记忆携带着即将进入或来自长时记忆池的大量信息。然而，互联网相当于尼亚加拉瀑布。此外，随机溅起的水（比如，这里的一段视频，那里的一条快讯，这里的一个帖子，那里的一条推文）会混入我们的工作记忆，并被转移到我们的长时记忆中，最终我们会变得注意力不集中。

我们已经进入了一个充斥着各种吸引眼球的标题和点击诱饵的时代。当从一个故事跳转到另一个故事时，我们没有足够的空间进行深入思考，我们的认知都停留于表面。而当读一本书时，我们就会完全沉浸于另一个世界的细节和微妙之处，在"深水区"畅游。相比之下，互联网是一个世界性的"浅水池"。我们一直浮于表面，原因是我们到达了一个决定大脑可以储存什么信息的临界点，它迫使人类社会与信息建立起一种新型关系。好莱坞电影用一种巧妙的方式描绘了这种僵局，向我们展示了互联网对人类来说已经变成了什么样子。在2001年上映的电影《记忆碎片》中，一个名叫伦纳德·谢尔比的男人渴望找到杀害他妻子的凶手。但关键问题在于，伦纳德患有一种导致他无法储存新记忆的疾病——顺行性遗忘。于是，伦纳德巧妙地借助各种物品找到了一种原始的记忆方法。他的口袋里装有宝丽来照片，上面是他的酒店和他"认识的人"。他的胸部和手臂上有提醒他案件真相的文身——"凶手是约翰或吉姆·G."。他的墙上贴着一张很厚的纸，用于保存和标记宝丽来照片。由于他的生物性记忆（大脑）受损，这些辅助工具共同作为他的记忆存储于他的身体之外，被哲学家定义为"外脑"。"有了它们，大脑过去扮演的角色可能会被世界上的某些工具所取代。"纽约大学的哲学教授戴维·查默斯说，他在1998年参与撰写了论文《外脑》（The Extended Mind）。伦纳德的记忆不在他的颅骨之内，而在他的颅骨之外。外脑不仅仅是几十年前的一篇哲学论文中的一个令人兴奋的学术概念，它还成了一种预言。实际上，互联网已经成了所有人的外脑。

想拥有外脑，不一定要去文身店或工艺品商店。按照定义，我们现在知道世世代代的人都有外脑。古城墙上的雕刻、泥板、卷轴和书籍都是外脑，购物清单、便利贴、日历和备忘录也是外脑。一样物品要被看作外脑，必须满足几个标准。"我们得到它，信任它，并使用它。"查默斯说。这种东西必须可获得、可信任和可利用，由于我们已经将互联网放进了口袋，它也符合外脑的定义。

研究人员发现，互联网已经改变了我们的行为，以至于在数字技术出现之前对我们来说很珍贵的记忆（比如母亲的电话号码）已经变得不再珍贵。科学家已经证明，我们不再记忆信息了。比如，我们不会去记忆电话号码，而只知道拿起手机，然后发出指令搜索电话号码。当涉及某条信息时，我们的大脑会优先考虑"它在哪里"而不是"它是什么"。既然应用程序可以帮我们搞定，我们就不需要记住那么多东西。我们的大脑就这样被互联网重塑成"谷歌大脑"。

在古代，不同的文明通过口述记忆的方式传承各自的历史。过去在美国的学校里，学生们需要背诵诗歌、葛底斯堡演讲稿或各州首府的名单。如今，这些传统不复存在。对一些人来说，记不住电话号码是时代进步的标志。"这算不上什么重大损失。"神经科学家伊格曼说。

当然，这种人–机共生关系也有好处。算盘、查尔斯·巴贝奇的机械计算机、埃达·洛芙莱斯的软件、ENAIC（电子数字积分计算机）和集成电路，让计算变得更加容易。这无疑是一件好事，因为人脑并不是一台高效的计算器。然而，网络已经成为比人类迄今为止经历过的事物都要大的外脑，而且它导致我们采取"没必要知道"的态度，查找东西的便利性摧毁了我们的理解力和感受力。毕竟，通过经验获得的认知和视频网站带来的认知还是大有区别的，你在谷歌搜索中找不到知识，在算法中获取不到智慧，也无法下载理解力。

互联网对人类的影响并不只是表现在知识、智慧和理解力方面，创造力亦然。尽管大脑及其创造过程是神经科学的又一个未解之谜，但科学家已经确认大脑的某些部分会随着不同的创造性尝试而发育。音乐家、视觉艺术家和作家大脑中都各有一部分比普通人更大。尽管我们还不太确定大脑是如何进行创造的，但可以肯定的是，这个过程受到了互联网的影响。然而，关于互联网如何影响创造力的问题，存在两种对立的观点。如果创造力被定义为想法的融合、破除和转变，互联网就可以帮助一个人变得更有创造力，这是神经科学家大卫·伊格曼的观点。"你从外界吸收的东西越多，你就越富有创造力，因为你拥有更多可以进行破除和融合的原材料。"他说。创造力分为几个步骤，分别是准备、创新和产出。对第一步来说，网络是一种很好的工具。佛罗里达大学神经病学系名誉教授肯尼思·海尔曼教授说："互联网可以更迅速地为研究者提供信息。"

但网络也有其不利的一面。创造力不只是堆积想法的过程，也是一个给大脑时间来酝酿这些想法的过程。创造力不仅需要准备，还需要孵化。"一个人在独处时，往往会想出非常有创意的点子。"海尔曼写道。一个经典的例子就是坐在苹果树下的艾萨克·牛顿爵士，"如果牛顿当时正在阅读电子邮件，他很可能就不会产生那些创造性想法"。如果牛顿的注意力完全被他的智能手机占据，那么他可能根本注意不到苹果从树上掉下来。

根据伊格曼的说法，创造力包含两个部分：一是"吸收整个世界"；二是"有时间消化并将事物以一种新方式组合在一起"。在我们这个技术时代，做到第二部分并不是一件容易的事情。技术带给我们的这个时代是和我们的创造力相违背的，就连像伊格曼这样的网络乐观主义者也同意这种观点。"很明显，"他说，"有1 000种在互联网上浪费时间的方式。"我们上网的时间和同时处理多项任务的倾向，淹没了我们的大脑。此外，当我们的工作记忆达到最大容量时，容易让我们分心的东西会变得越来越有吸引力，这些令人分心的东西和网络令人上瘾的特性，共同阻碍我们将网络的潜力发挥到极致。更何况，生活在现代世界的我们还拥有古老的大脑。由于我们的狩猎和采集意识存在于一个没什么可狩猎和采集的时代，我们的大脑陷入了在社交媒体上狩猎和采集"关注"或"点赞"

的恶性循环。尽管互联网可能是一种增强深度思考的工具，但我们利用它的方式（以及上面大量令人分心的内容）并不能使我们成为深刻的思想者。

我们知道自己正处在十字路口，就连这项技术的创造者也知道，尽管我们得到了一些东西，但也失去了一些东西。在硅谷的许多不缺钱的私立学校，访客们会很困惑地发现那里缺少一样东西——计算机！硅谷的一些父母阻止他们的孩子使用这种他们参与其中并带到世界上的技术，"苹果之父"史蒂夫·乔布斯也是一个提倡"低科技"的父亲。一些网络乐观主义者认为，他们知道为什么会存在抵制倾向。"我认为，这只是一种恐惧新事物的表现。"伊格曼说。几个世纪以来，对新事物的强烈反对倾向一直存在。在古希腊时期，学者们抱怨书写影响了学生们的记忆力，致使他们变得不够聪明。计算机可能是这种担忧的高科技版本。"关键问题是要找到中间地带。"纽约大学哲学教授查默斯说。

我们确实从现在的技术中得到了一些东西。研究表明，20世纪人们智商测试的分数逐年上升。我们比祖辈和父辈都聪明，我们知道的东西更多，可以做到的事情也更多。然而，这种能力并不是近期才出现的。19世纪，托马斯·爱迪生说过："我们在几分钟内就完成了祖辈花几天时间都做不到的事情。"但现在，我们可以听专家的TED（技术、娱乐、设计）演讲，在18分钟内了解各个领域的最新进展。在互联网的帮助下，我们拥有了塞缪尔·莫尔斯预言的"触手可及的世界"。

但是，也有一些东西离我们而去。"我担心在某些情况下，人们可能会逐渐失去理解能力。"哲学家查默斯说，"我当然不想陷入这样一种境地：孩子做每件事都要依靠计算机，而且计算机是他们最关注的东西。"

　　和菲尼亚斯·盖奇一样，我们是由我们的大脑所经历的一切造就的。当我们不断使用大脑中那些只需要浅显理解的部分时，我们就会变得浅薄。如果我们不通过深度思考来训练大脑，那么我们最终将无法理解、创造和思考。

　　互联网、智能设备和计算机引出了一个关于人类价值的问题，因为对算法来说很重要的东西和对人类来说很重要的东西并不相同。网络关注的东西是，它的搜索速度有多快，能搜索到多少条目，以及搜出的最顶端条目是什么。而对人类来说，至关重要的东西与这些毫不相关。算法根本不关心我们的睡眠质量、节日、语言、同理心、偏见、科学突破、萤火虫、夜空、隐私，以及人类的思维方式。因此，我们不能寄希望于技术能解决这些问题，因为技术看不到这些无形资产的价值。那些让生活变得有意义的东西，比如音乐、电影、美食、友谊、欢笑、正义、和平、故事、节日、约会、鲜花、旅行、书信、爱、真相、运动、时尚、拥抱、日出、日落、假期、小说、咖啡因和书籍等，对计算机来说毫无意义。所有这些都是与人类息息相关的事情，所以需要人类采取行动去维持和保护它们。

　　尽管计算机的处理器最初是根据人脑设计的，但如今我们越来越像我们制造的计算机。不过，人类的方方面面不会完全投射到机器上。我们的大脑灰质要比一组利用复杂软件迅速做出"是"或"否"决定的开关复杂得多。大脑保守着我们的天赋、创造力和想象力的秘密。我们虽然有缺点、效率低，但也有强大的适应力和勇气。我们虽然会做一些看起来不合逻辑的事情，但也在持续创新。我们虽然会制造混乱，但也可以创造美。

　　计算机的崛起迫使我们认真深入地思考一个问题：到底是什么让我

们成为人类？在这条道路上有一个岔路口，人类必须做出抉择：是要制造出更好的机器，还是要成为更出色的物种。此时此刻我们需要回想人类社会发展的历程，并促使自己变得勇敢起来。如果我们不喜欢现在的前进方向，就要有足够的勇气去改变方向，选择一条新的道路。

　　总之，我们必须勇于改变。

　　本书的写作过程是以诺贝尔（文学）奖得主托妮·莫里森的两句名言为起点和终点的。其中的一句话我在开始写作本书时就很熟悉，因为它是这本书的催化剂。"如果有一本书你很想读，但它还没有写出来，"莫里森说，"那你一定就是那个写作它的人。"从我作为一名黑人女性科学家的经历来看，我常常发现自己从教科书中获得的共鸣被隐藏、遗漏、掩盖，或者无人问津。当我有机会写一本有关科学与技术的书时，我听从了莫里森的话。

　　不可否认，当我开始写作本书的时候，我认同的是关于科学与技术的既定思维方式，即埋头复述那些有关白人及其发明成果的老故事。但是，在写作过程中，我找到了自己的"炼金术"。我的心里有一团令人吃惊的火焰，它阻止我继续写那些就连我自己也无法产生共鸣的故事。除了这种发自内心的反应，我也逐渐理解了文字投射的力量——每个读者都可以在故事中看到他自己。因此，我试图在文字中创造"镜子"。这本书中重点提及的发明家不仅有天赋，也有缺点，这些是每个人都有的东西。在这部分内容中，我希望揭示和展示他们的复杂性和个性，这样读者们（不管是不是从事科学领域，也不管是否与这些发明家年龄相仿）都能在某种程度上与这些人物产生关联，并从他们身上看到自己熟悉的一些东西。早在我学习工科课程的时候，我就希望能有这样一本书。书包里的那些书可以充实我的头脑，这本书则会充实我的灵魂。

有关技术的书籍很少会采用这样一种让发明家富有人情味的写法。一方面，尽管许多作家都想美化天才，但这样做会在无意间使创新变得遥不可及。另一方面，学者们希望跟读者分享尽可能多的东西。也许在某些情况下，这种学术化的表达方式是最好的，比如刘易斯·芒福德、雅克·埃卢尔和托马斯·库恩的经典著作。但我有意做出这样一个决定：牺牲那些只能为少数人理解的技术和学术内容，转而讲述一些能为多数人理解的富有人情味的故事。虽然一开始我对这种写法不太有把握，但莫里森教授的第二句话让我确信自己的决定是明智的。

写完这本书的初稿后，我四处闲逛，偶然看到了莫里森的一次主题演讲，它把我的犹豫不决变成了坚定不移。1991年，这位即将获得普利策奖的作家讨论了将不同的优势、经验和文化融入学校的重要性，并向教授们发起了"以全新的视角重读某个学科的传统教科书"的挑战。她解释说，这样做会让学生们发现"更多而不是更少的力量，更多而不是更少的美丽，更多而不是更少的智慧，以及巧妙之处"。她警告说，如果不这样做，我们就会被引向"非常黑暗的时代"。莫里森的演讲让我知道，讲述这些众所周知的故事，我的优势和我采取的方式并非毫无意义，而是至关重要。

她的话在很多层面上引起了我的共鸣，因为在写作本书的过程中，我看到了一个令人震惊的故事，讲的是想要压缩文化成果的一片好心如何差一点儿就带来了灾难性后果。几十年前，1977年，卡尔·萨根和他的朋友们得到了一次宝贵的机会，录制一张随NASA的旅行者号被发射到太空中的唱片。于是，他们努力地在全世界寻找可以纳入短短90分钟播放时间的歌曲。萨根当时43岁，他是一个白人，也是一位古典音乐爱好者，所以他最初选择的大部分音乐都来自欧洲。经过一番努力，团队里相对年轻的成员又在唱片中加入了其他文化的音乐。然而，直到请教了长期收集全球歌曲的艾伦·洛马克斯之后，他们的播放列表才能算得上代表了整个地球。我和洛马克斯产生了共鸣，因为如果没有他参与其中，金唱片——地球的星际时间胶囊——就只能描绘出这个星球的一小部分。

虽然市面上并不缺乏科学技术方面的书籍，但许多作家都像受人尊敬的萨根一样从自己的视角去看待自己的作品。在这本书中，我试图用一种洛马克斯式方法来讲故事，也就是莫里森教授让我确信无疑的那种方法。关于技术的讨论必须是兼收并蓄的，因为技术既不是只为少数有学问的人服务，也不是只为有欧洲血统的人服务。从三明治到太阳能电池，每个人都能发明点什么，所以对科学和技术的调查研究必须反映出这一点。每个人都可以创造出新的东西，无论它是用两个唱机转盘和一个麦克风构成的节拍，还是用两根试管和基因编辑技术CRISPR制造的基因。因此，有关科学和技术的故事必须体现出一个事实：创新是普遍存在的。

当有关技术的书能让读者从中看到自己时，这些读者收获的就不仅仅是故事，还有一种他们也可以进行创造的启示。当书中展现出发明家的一次又一次失败经历时，读者会感觉到自己也能够迎接挑战。当读者以这样的方式获得了力量时，他们就会拥有为自己做决定的勇气。这是本书最核心的东西——感受力。这本书的内容不仅表明每个人都有一张发明创造的入场券，而且每个人都必须批判性地评价自己的发明创造。之所以要对发明产生的影响进行如此深入的分析，不仅是因为它是一项令人愉快的大脑运动，而且因为当与行动和社会变革相结合时，它有可能帮助社会超越现状，进一步促进人类"炼金术"的发展。

致谢

回想本书的写作过程，我对在此过程中为我加油的人们充满了感激。我的母亲安杰拉·皮塔罗是我最应该感谢的人，因为即便在我没有信心的时候，她也十分相信我。我还要感谢我的哥哥达维德和马克，我的侄女莉娜和侄子亚历克斯，以及我的嫂子卡桑德拉，感谢他们对我坚定的支持和爱。除了家人，朋友们也给予我极大的支持。我要特别感谢罗宾·沙姆伯格，他是这本书的促成者和头号粉丝。我也要感谢萨拉·马克瑟，我们的友谊滋养了我的灵魂；还有我忠实的跑友凯西·耶普。此外，吉娜·巴尼特、温迪·西利、伊内丝·冈萨雷斯、凯瑟琳·沃尔沃拉科斯、莱斯利·肯纳、埃米莉·洛迪奇、吉娜·拉切尔瓦和埃琳·拉维克让这段漫长的写作历程变得不那么沉闷。米尔德丽德·梅伯恩、拉蒙特·怀特、罗恩·诺克斯、菲利普·菲昂德拉、南希·桑托雷和维多利奥·史维娅特让这段时光变得更加愉快。感谢我以前的学生，尤其是凯蒂·麦金斯特里、盖伊·马库斯、杰里米·波因德克斯特和徐煌（音译），他们鼓励我去开拓新的领域。

我对科学的热爱是在很久以前由一档公共电视节目和优秀的科学教师们激发出来的，他们是凯瑟琳·多诺霍、让-玛丽·霍华德和埃德尔加德·莫尔斯博士。如果莫尔斯博士没有在布朗大学开设化学21T课程，我想成为科学家的梦想就会延迟到来。谢谢你，莫尔斯博士！除了科学以外，我的老师阿斯帕亚·弗普伊特女士点燃了我对历史的热爱。

感谢雪莉·马尔科姆、安妮·福斯托-斯特林、塞缪尔·艾伦、克莱顿·贝茨、詹姆斯·米切尔、莉萨·马库斯、乌沙·卡尼蒂、小戴维·约翰逊和保罗·弗勒里对我的指导和支持。感谢乔迪·所罗门演讲事务处帮我传播了这样的信息：科学很有趣，而且是为所有人服务的。最后，我很荣幸能与麻省理工学院出版社合作。感谢本书英文版的编辑鲍勃·普赖尔的支持（和耐心），以及一直鼓励我的埃米·布兰德主任。

有一句古老的非洲谚语："养育一个孩子，需要举全村之力。"我发现这句话也适用于写书，我从许多优秀的组织和善良的人那里得到了支持、帮助和鼓励。我的母亲安杰拉·皮塔罗为了在大洋彼岸帮我搜集资料，把她的英国之行变成了研究之旅。我还要感谢从加利福尼亚州档案馆为我搜集资料的乔·查普曼，卡斯亚·斯潘诺和阿尔巴·莫里斯帮我找到了珍贵的期刊文章。感谢负责誊抄文稿的杜尔西·丽贝卡·福尔塔多，负责绘制插图的马克·萨巴，负责文字编校的贝夫·S. 维勒，还有负责编辑终稿的迈克尔·西姆斯。

一个人能送给作家的最棒礼物之一，就是他挑剔的眼光。希拉里·布吕克、凯里·里德和尼克·史密斯对我非常慷慨，我很感谢他们坚定地支持和鼓励我。感谢萨姆·弗里德曼教授允许我在2014年旁听他的课程。感谢凯利·麦克马斯特斯在写作初期帮助我确定了本书的风格，后来又帮助我对终稿进行了润色。感谢耶鲁大学的罗伯特·戈登教授对本书科学方面的内容做出了中肯的评价。

有许多档案馆帮助我完成了本书的创作，我非常感激它们，同时感谢相关工作人员为我提供了超出他们工作要求的帮助：谢尔登·霍奇海瑟（美国电话电报公司档案室）、梅利莎·沃森（美国电话电报公司档案室）、威廉·考格林（美国电话电报公司档案室）、埃德·埃克特（诺基亚档案室）、丽贝卡·纳尔多尼（诺基亚档案室）、詹姆斯·阿梅马斯（新泽西历史学会）、戈登·邦德（新泽西州遗产处）、特里娜·布朗（史密森尼博物馆）、夏洛特·查普尔（普卢姆楼之友）、杰米·马丁（IBM 档案馆）、肯尼思·麦克内利斯（公共汽车运输博物馆）、葆拉·诺顿（德比历史学会）、萨拉·帕拉米加尼（弗利特伍德博物馆）、凯·彼得森（史密森尼学会）、戴维·罗斯（出生缺陷基金会）、爱德华·萨克斯（古董收音机博物馆）、已故的查尔斯·塞科姆（康涅狄格州安索尼亚）、达里尔·史密斯（耶鲁玻璃吹制实验室）、弗朗西丝·斯凯尔顿（纽黑文博物馆）、埃德·苏拉托（纽黑文博物馆）和哈尔·华莱士（史密森尼学会）。为了写作本书，我采访了很多人，为此我要感谢慷慨大方的约翰·卡萨尼、弗兰克·德雷克、蒂莫西·费里斯、卡罗琳·亨特、南希·马里森、戴维·鲁尼和唐纳德·蒂尔博士。

非常感谢我们当地的纽黑文免费公共图书馆，尤其是米切尔分馆工作人员的大力支持。感谢沙伦·洛维特–格拉夫帮我找到了非常难得的书籍和参考资料。感谢塞思·戈弗雷允许我进入图书馆的典藏文献书库。我也要感谢布利图书馆为我提供写作的空间。

与此同时，我获得的资金支持同样令人感恩。感谢以下机构慷慨解囊：贝勒大学得克萨斯典藏馆及其负责人约翰·威尔逊为便于我查阅戈登·蒂尔的论文开通了异地会员资格；杰拉西驻留艺术家计划在2017年7月举办了卓有成效、丰富多彩的写作月活动；博学多才、乐于助人的多伦·韦伯和他在艾尔弗雷德·P. 斯隆基金会的员工为我的书提供了资金，使我能创作出优质内容，并且获得插图和照片的使用授权，他们说"一图抵千言"。

　　说实话，在写作本书的过程中，为我提供帮助的人实在太多了，在此无法一一列举。请允许我用一句普通而由衷的话作为结束语："谢谢你！"

资料来源及访谈

本书的完成得益于以下图书馆、档案馆和私人收藏：

亚历山大·弗莱明实验室博物馆、美国电话电报公司档案馆和历史中心、哈佛商学院贝克图书馆、班克罗夫特图书馆、大英图书馆、剑桥大学图书馆、芝加哥历史博物馆档案馆、哥伦比亚大学档案馆、计算机博物馆档案馆、康涅狄格州图书馆、康宁公司档案馆、南卫理公会大学德戈勒图书馆、德比历史学会、弗利特伍德艺术和摄影博物馆、普卢姆楼之友、乔治·伊士曼博物馆、乔治华盛顿大学档案馆、亨利·福特博物馆、汤普金斯县历史中心、IBM 档案馆、电子电气工程师协会历史中心、艾恩伍德地区历史学会、艾恩伍德卡内基图书馆、堪萨斯城公共图书馆、堪萨斯历史学会、金斯顿博物馆和遗产管理局、拉波特历史学会、美国国会图书馆、密歇根州立大学、莫里斯顿和莫里斯镇图书馆、公共汽车运输博物馆、科学和创新档案馆、纳帕县历史学会、堪萨斯城国家档案馆、纽黑文免费公共图书馆、纽黑文博物馆、新泽西历史学会、纽约历史学会、纽约公共图书馆档案和珍本部、纽贝里图书馆、尼尔斯·玻尔图书馆和档案馆、美国国家海洋和大气管理局、诺基亚档案馆、彭菲尔德历史学会、康宁玻璃博物馆的拉科研究图书馆、英国皇家学会图书馆、旧金山公共图书馆、圣何塞公共图书馆、朔姆堡黑人文化研究中心博物馆、肖特档案馆、科学史研究所、史密森尼学会、南康涅狄格州立大学图书馆、圣彼得堡佛罗里达图书馆、斯坦福大学档案馆、贝勒大学的得克萨斯典藏馆、三一学院图书馆、尤利西斯历史学会、尤利西斯历史学家办公室、联合学院档案馆、古董收音机和通信博物馆、韦科–麦克伦南县图书馆、新奥尔良历史收藏威廉研究中心、伍斯特理工学院档案馆、路易斯安那州泽维尔大学档案馆和耶鲁大学档案馆。

本书的完成得益于对以下人士的访谈：

格蕾琴·巴基、约翰·巴拉托、娜奥米·巴伦、罗杰·贝蒂、费尔南多·贝纳顿、保罗·博加德、马文·博尔特、戈登·邦德、凯文·布朗、约翰·卡萨尼、罗伯特·卡塞蒂、戴维·查默斯、奥利弗·查纳林、夏洛特·科尔、简·库克、利奥·德普特、弗兰克·德雷克、南希·乔·德拉姆、大卫·伊格曼、乔安娜·埃克尔斯、罗杰·埃基奇、法比奥·法尔基、伊索贝尔·福尔克纳、蒂莫西·费里斯、玛丽安娜·菲盖罗、阿里尔·法尔博、罗伯特·弗里德尔、彼得·加里森、乔恩·格特纳、罗伯特·戈登、肯尼思·海尔曼、乔治·赫姆基、阿尔伯特·霍格兰、戴维·霍赫费尔德、谢尔登·霍奇海瑟、卡罗琳·亨特、威廉·詹森、詹姆斯·琼斯、凯西·卡瑙尔、阿特·卡普兰、丹尼尔·凯尔姆、威廉·拉库斯、埃德·拉克斯、罗伯特·莱文、萨拉·刘易斯、约翰·利特尔顿、詹姆斯·劳埃德、特拉维斯·朗括、伯特伦·莱昂斯、南希·马里森、阿瓦隆·欧文斯、马克·雷、苏茜·里克特、戴维·鲁尼、沃尔夫冈·希弗尔布施、达里尔·史密斯、戴维·史密斯、乔尔·斯奈德、卡林·史蒂文斯、理查德·史蒂文斯、唐纳德·蒂尔、莱斯利·托莫里、苏珊·特洛伊尔–麦金斯特里、杰夫·特威代尔、哈尔·华莱士、托马斯·韦尔、韦恩·维索罗瓦斯基、马修·沃尔夫–迈耶、兰德尔·扬曼和埃维塔·泽鲁巴维尔。

　　这部分内容是本书所述故事的扩展注释、评注和相关推荐资源。之所以拟定了主题，是为了让读者节省时间，轻松获得他们想要的信息。在很多情况下，有些主题的相关资料很少，而有些主题的资料又太多。对于资料丰富的主题，我将提供可用的关键资源和备选的资源库。希望认真的读者或学者能够在较短的时间内，对某个特定的话题从一无所知变得收获良多。祝你学习愉快！

第一章
互动

　　露丝·贝尔维尔。 露丝·贝尔维尔的故事在戴维·鲁尼写的《露丝·贝尔维尔：格林尼治时间女士》（*Ruth Belville: The Greenwich Time Lady*）这本简明扼要的书中得到了充分的呈现，他煞费苦心地将这个出售时间的女人的生活碎片拼合在一起。露丝·贝尔维尔在以前的一些书中也被简要提及，包括：唐纳德·德卡尔的《英国时间》（*British Time*，

1947年）和德里克·豪斯的《格林尼治时间和经度的发现》(*Greenwich Time and the Discovery of the Longitude*，1980年）。这两本书值得所有对计时感兴趣的读者一读，它们超越了包括新近出版的图书在内的许多其他书籍。英国的报纸上也有一些关于她的参考资料，贝尔维尔算是个名人，有好几篇文章提到过她，特别是在1943年她去世前后。至于当代人对露丝·贝尔维尔的看法，有一些学术文章值得参考，其中包括汉娜·盖伊的《英国1880—1925年的时钟同步、时间发布和电子计时》(Clock Synchrony, Time Distribution and Electrical Timekeeping in Britain 1880—1925 ），以及戴维·鲁尼的《玛丽亚和露丝·贝尔维尔：格林尼治时间供应竞争》(Maria and Ruth Belville: Competition for Greenwich Time Supply ）。这两篇文章都包含大量的细节，比如贝尔维尔的服务费用。鲁尼的论文中还引用了露丝·贝尔维尔的信件，这对那些渴望了解这位女性创业者的读者来说是一个宝库。要想获得关于露丝·贝尔维尔的简要介绍，可以参考两篇期刊文章，分别是约翰·亨特的《时间的经营者》(The Handlers of Time ）和斯蒂芬·巴特斯比的《出售时间的女人》(The Lady Who Sold Time ）。

睡眠模式。在美国，睡眠已经成为一个全民关注的话题。我们生活在《纽约时报》所说的"睡眠产业综合体"当中，药品公司和床垫制造商利用我们的睡眠焦虑赚取了数十亿美元，报纸、杂志和网站也开始讨论这个话题。研究人类睡眠模式变化的学术著作，比如A. 罗杰·埃克奇的《一日将尽：逝去的夜晚》(*At Day's Close: Night in Times Past* ）和马修·沃尔夫–迈耶的《沉睡的大众：睡眠、药物和现代美国生活》(*The Slumbering Masses: Sleep, Medicine, and Modern American Life* ），让大家知道这种变化是如何发生的。要想获得关于美国人睡眠模式的可靠医学信息，美国国立卫生研究院网站上有一些可以满足要求的报告和统计数据，美国疾病控制与预防中心网站上还有美国安眠药的消费数据和图表。最后，美国顶尖的科学家在一份题为《慢性睡眠丧失和睡眠障碍的程度和健康后果》的报告中共同呼吁人们采取行动，这份报告可以从美国国家科学院出版社网站上下载。

本杰明·亨茨曼。对本杰明·亨茨曼的生平感兴趣的读者很幸运，因为有一本关于他的书写得非常简短易懂。英国谢菲尔德市图书馆出版了一本只有10页的小册子，由学者肯尼思·C. 巴勒克劳夫撰写，书名为《本杰明·亨茨曼1704—1775》（可通过谢菲尔德市图书馆购买）。这本小册子记录了亨茨曼从出生到去世的一切，以及他在世时的有趣（和刺激的）生活，比如他不被允许的婚姻和离婚。本书省略了这些细节，因为它们和我讲述的故事没有关系，会分散读者的注意力。不过，喜欢刨根问底的人可能会去寻找这类资料。除了巴勒克劳夫对亨茨曼的简要描述外，还有一些厚重的老书，比如塞缪尔·斯迈尔斯的《工业传记：钢铁工人和工具制造者》（*Industrial Biography: Iron Workers and Tool Makers*，1863年），介绍了亨茨曼和其他为钢铁制造做出贡献的人。关于亨茨曼的生活和出身的更多信息，W. 温德姆·休姆的文章《本杰明·亨茨曼的出身和事业》（The Pedigree and Career of Benjamin Huntsman）和R. A. 哈德菲尔德的文章《坩埚钢的发明者：来自谢菲尔德的本杰明·亨茨曼》（Benjamin Huntsman, of Sheffield, the Inventor of Crucible Steel），都是非常重要的参考资料。多产的肯尼思·C. 巴勒克劳夫在《贝塞麦之前的钢铁制造：第1卷——渗碳钢》（*Steelmaking Before Bessemer: Volume 1—Blister Steel*）一书中，对亨茨曼的发明进行了高度技术性和科学性的阐述，这是一本很权威但很难找到的书。所有想进一步了解金属的历史和科学的严肃学者，也应该读一读西里尔·史密斯的《寻找结构》（*A Search for Structure*）或 R. F. 泰莱科特的《冶金史》（*A History of Metallurgy*）。

伽利略。伽利略的故事早在几个世纪前就为人所知，但对每一代人来说都新鲜有趣。他一直是畅销书的主角，比如达瓦·索贝尔的《伽利略的女儿：一部科学、信仰和爱的历史回忆录》（*Galileo's Daughter: A Historical Memoir of Science, Faith and Love*），以及早些时候斯蒂尔曼·德雷克的《伽利略：先驱科学家》（*Galileo: Pioneer Scientist*）。尽管伽利略是一位因发现木星的卫星而闻名的天文学家和物理学家，但他在比萨斜塔上做的实验和对钟摆振荡现象的研究，都对我们的日常生活产生了影响。虽然许多学生都对伽利略从比萨斜塔上扔下不同物体的细节耳熟能详，但有很多人不知道伽利略摆钟。关于他研发钟表的细节，西尔维奥·贝迪尼的《时间的脉搏》（*The Pulse of Time*）进行了忠实的记录，是一本罕见的、做过精心研究的巨著，对那些充满好奇心的人或严肃的学者来说都是一本必读书。有趣的是，关于伽利略在教堂里看到吊灯摆动的故事是否属实，学术界还存在争议。尽管如此，可以肯定的是，伽利略的故事和时间划分问题依然有趣而且永不过时。

沃伦·马里森。沃伦·马里森是一名对社会产生如此重大影响的科学家，关于他的文章实在太少了。本书旨在弥补这种疏漏，之前的一些著作对我们研究这位发明家来说也很重要。有一篇题为《沃伦·A. 马里森：石英革命的先驱》（*Warren A. marrison—Pioneer of the Quartz Revolution*）的短篇传记，是 W. R. 托珀姆在 1989 年撰写的，该文章可以通过美国国家钟表收藏者协会获得。马里森的前雇主贝尔实验室，在两卷本《贝尔体系的工程与科学史：早期（1875—1925）》的第一卷中有一条关于马里森的简短记录，他的研究成果则在第319页和第991页被提及，但这就是全部了！幸运的是，马里森自己把这些成果记录下来，他在一篇题为《石英晶体时钟的演变》（The Evolution of the Quartz Crystal Clock）的长文章中总结了他为计时做出的贡献。

压电现象。 压电现象是一种令人着迷的材料科学现象，人们期望可以看到更多通俗易懂的相关材料。然而，事实不尽如人意。其中，影响最深远的著作是沃尔特·卡迪写作的《压电现象》（*Piezoelectricity*），尽管这本书的第一章可以满足读者的好奇心，但后文很快就开始了高度技术性的讨论。要想看到循序渐进性的技术讨论，可以参考一些材料科学的入门书籍，特别是关于智能材料或陶瓷的书籍。关于压电现象的发现过程，你可以读读居里夫人写作的皮埃尔·居里传记。对压电的早期历史和用途感兴趣的人，一定能在沙乌尔·卡齐尔的多篇研究文章中看到很多相关内容。

计时的影响。 "time"（时间）是英语中使用最频繁的单词之一，所以关于时间和计时的书籍有很多。其中，有一些比较突出。比如，卡林·史蒂文斯写了一本可读性强并且配有插图的书，主要内容是计时的进化及其对社会的影响，书名为《准时：美国如何学会按照时钟生活》（*On Time: How America Has Learned to Live Life by the Clock*）。此外，戴维·兰德斯的《时间革命：时钟与现代世界的发展》（*Revolution in Time: Clocks and the Making of the Modern World*）是一本开创性的学术著作和关于计时的标准教科书。罗伯特·莱文的《时间的地理：一个社会心理学家暂时的不幸遭遇》（*The Geography of Time: The Temporal Misadventures of a Social Psychologist*）和埃维塔·泽鲁巴维尔的《隐藏的节奏》（*Hidden Rhythms*）等书籍，对时钟如何改变人们的生活进行了深入讨论。当然，也有很多其他关于这个主题的书可供读者选择。对于如何巧妙处理时间观念上的文化差异问题，詹姆斯·琼斯的《时空定向中的文化和个体差异》（Cultural and Individual Differences in Temporal Orientation）和罗伯特·莱文、阿拉·诺伦扎扬的《31个国家的生活节奏》（The Pace of Life in 31 Countries）等文章都颇具启发性。其中，琼斯的文章尤为有效地分析和肯定了有色人种的时间观念。

第二章
连接

    林肯的送葬列车。 亚伯拉罕·林肯的葬礼曾是美国集体记忆的一部分，但随着时间的推移，这个事件已经从美国的国家意识中淡去了。对那些想详细了解林肯的送葬列车的读者来说，维克多·瑟彻的《告别林肯》（*The Farewell to Lincoln*）是十分重要的参考资料。还有一本私人出版的书《林肯的火车来了》（*The Lincoln Train Is Coming*），它的作者是韦恩·韦索洛夫斯基和玛丽·凯伊·韦索洛夫斯基。这本书非常宝贵、值得一读，因为它包含从众多报纸中精选出来的生动描述和事实，以及作者自己的研究结果（比如，送葬车的颜色一直是个谜，直到韦恩·韦索洛夫斯基找到一篇文章加以分析后找到了答案）。关于林肯葬礼的许多书都有几十年的历史了，然而，值这一伟大事件150周年纪念之际，出版了一系列更现代的书籍。其中一本于2014年上市，题目是《林肯的送葬火车：从华盛顿到斯普林菲尔德的史诗之旅》（*Lincoln's Funeral Train: The Epic*

Journey from Washington to Springfield），作者是罗伯特·M. 里德。还有一本儿童绘本，是罗伯特·伯利写作的《亚伯拉罕·林肯回家了》（*Abraham Lincoln Comes Home*），它温和地向孩子们描述了美国历史上的这一伟大时刻。关于林肯送葬队伍的其他记载，也可以在列车经过的各个城市的报刊上找到。

亨利·贝塞麦爵士。尽管亨利·贝塞麦爵士是钢铁工业之父，但没有人为他著书立传。于是，他写了一本自传——《亨利·贝塞麦爵士的自传》（*Sir Henry Bessemer, F. R. S.: An Autobiography*）。尽管他在世时被人们忽视，但现代人一直在努力弥补这一历史缺憾。20世纪，材料研究所出版了《亨利·贝塞麦爵士：钢铁工业之父》（*Sir Henry Bessemer: Father of the Steel Industry*），这本书不仅描述了贝塞麦这个人，也描述了受他影响的产业。其中一部分内容是技术性的，但也有一些关于贝塞麦的逸事，均来自当时还在世的一些认识他的人。此外，英国赫恩希尔学会出版了一本小书《亨利·贝塞麦爵士的故事》（*The Story of Sir Henry Bessemer*），但在美国很难买到。关于贝塞麦生活的大部分细节，都仅限于他愿意在自传中和报纸上分享的故事。钢铁产量充足，而我们对他却知之甚少。要想阅读关于贝塞麦发明成果的兼具权威性和技术性的著作，肯尼思·C. 巴勒克劳夫的《炼钢：1850—1900年》（*Steelmaking*，1850—1900）是一本必读书。

威廉·凯利。关于亨利·贝塞麦爵士的介绍很少，关于威廉·凯利的资料则是少之又少。H. 霍尔布鲁克·斯图尔特的《钢铁制造：一个世纪的美国矿石和钢铁》（*Iron Brew:A Century of American Ore and Steel*）和埃尔廷·E. 莫里森的《人类、机器和现代社会》（*Men, Machines, and Modern Times*）这两本书都或多或少提到了凯利。莫里森把大部分篇幅都花在以近乎叙事的风格描述钢铁的发明过程上，他的著作对所有钢铁爱好者来说都是很好的补充阅读资料。要获得关于威廉·凯利的更多信息，最好的选择是百科全书和19世纪的报刊文章，其中有些材料提到了凯利写的书信，但它们都已经丢失了。此外，关于凯利还有一个更大的问题需要解决：凯利声称他把钢铁带到了美国，但这很可能是他凭空捏造出来的。关于凯利的炼钢工作，最权威、最深入的研究是一篇题为《凯利转炉》(The 'Kelly' Converter) 的学术论文，它的作者是耶鲁大学名誉教授、古冶金学专家罗伯特·戈登。戈登教授花了不少时间在史密森尼学会研究"凯利转炉"，并分析制造它的材料。他的研究表明，凯利对炼钢的贡献是站不住脚的（尽管如此，纪念凯利的地标和牌匾仍竖立在原来的地方）。

钢铁和铁路。说到钢铁这种对人类社会如此重要的材料，最近少有关于它的书籍是为普通读者写的。标题比较吸引眼球的一部著作是阿瑟·斯特里特和威廉·亚历山大的《为人类服务的金属》(*Metals in Service of Man*)，这本书用几个章节的篇幅，以浅显易懂的方式讨论了钢铁。此外，在斯蒂芬·萨斯的《文明的物质：从石器时代到硅时代的材料和人类历史》(*The Substance of Civilization: Materials and Human History from the Stone Age to the Age of Silicon*) 一书中，有一章对钢铁背后的科学进行了翔实的调查。想了解钢铁在文化中起到的作用，可以读一些比较古老的书，比如道格拉斯·艾伦·费舍尔的《钢铁史诗》(*The Epic of Steel*) 和《为国家服务的钢铁》(*Steel Serves the Nation*)，还有西奥多·A. 沃泰姆的《钢铁时代的到来》(*The Coming of Age of Steel*)。想了解冶金学历史，可以参考R. F. 泰莱科特的《冶金史》。想了解现代人对炼钢的研究，可以读托马斯·米萨的《钢铁之国：现代美国的制造（1865—1925）》和罗伯特·戈登的《美国钢铁（1607—1900）》等研究性质的著作。尽管它们是学术著作，但读起来都很有意思。有关钢轨影响力的最重要书籍之一是沃尔夫冈·希弗尔布施的《铁道之旅：19世纪空间与时间的工业化》，这本小而充实的书应该是所有工程伦理学或社会学课程的必读书。哈罗德·珀金写过一本更厚、更全面的关于铁路影响力的书——《铁路时代》（*The Age of the Railway*），它虽然聚焦于英国，但覆盖面很广。巴尼·沃夫在他的著作《时空压缩：历史地理》（*Time-Space Compression: Historical Geographies*）中，重点讨论了空间湮灭问题。

圣诞节的商业化。关于铁路的书籍有很多，但对铁路在圣诞节商业化过程中所扮演角色的讨论相当有限。历史学家彭内·L. 雷斯塔德在她的文章《美国的圣诞节：一段历史》中揭示了两者之间的这种联系，布鲁斯·D. 福布斯的著作《圣诞节：真正的历史》（*Christmas: A Candid History*）也提到了这种联系。学者们可能会发现研究剪报很有意思，从中可以看到圣诞节从一个默默无闻的节日演变成今天的盛大节日的过程。

第三章
通信

新奥尔良战役。想真正了解安德鲁·杰克逊的人，都应该读一读他最早的传记作家罗伯特·V. 雷米尼写的那本《新奥尔良战役：安德鲁·杰克逊和美国的首次军事胜利》（*The Battle of New Orleans: Andrew Jackson* *and America's First Military Victory*）。还有一些书中也有大量的相关叙述，进一步巩固了雷米尼的观点，其中包括吉恩·A. 史密斯编辑的《新奥尔良战役的英国目击者》（*A British Eyewitness at the Battle of New Orleans*）和唐纳德·R. 希基的《光荣的胜利：安德鲁·杰克逊和新奥尔良战役》（*Glorious Victory: Andrew Jackson and the Battle of New Orleans*）。

除了这些书之外，出版时间更早的弗朗西斯·F. 贝尔尼的著作《1812年的战争》（*The War of 1812*）也讨论过这个问题，而且这本书的写作风格平易近人。在英国人看来，罗宾·赖利的《地狱之门外的英国人：1812年的新奥尔良战役》（*The British at the Gates: The New Orleans Campaign in the War of 1812*）是一本必读书，里面有很多在美国人的著述中通常看不到的事实。对那些想更直观地了解这场战争的读者来说，唐纳德·R. 希基和康妮·D. 克拉克的《火箭的红光：1812年战争的图解历史》（*The Rockets' Red Glare: An Illustrated History of the War of 1812*）是一本图文并茂的书，直观地展示了参与战争的关键人物和精美的地图。丹尼尔·豪的《上帝创造了什么：美国的转变（1815—1848）》（*What Hath Wrought: the Transformation of America, 1815—1848*）中有关新奥尔良战役的章节也透露了一些新的细节。此外，课堂上也适合播放关于这场战争的纪录片（尤其是历史频道和美国公共广播公司制作的纪录片）。

对于那些想查阅杰克逊相关资料的严肃学者，美国国会图书馆中有超过2万个条目。安德鲁·杰克逊的故居"隐士之家"（Hermitage）是一个关于他的档案库，可以提供相关文章的数字资源。报纸上对这场战争的报道也非常详细，尤其是《奈尔斯周刊》（*The Niles' Weekly Register*），为人们了解在路易斯安那州的那个种植园里发生的事提供了第一手资料。最后，历史爱好者还可以去参观新奥尔良的查尔梅特战场，如果能在1月初的战役周年纪念日期间去就更合时宜了。

塞缪尔·F. B. 莫尔斯。塞缪尔·莫尔斯是一位受人尊敬的发明家，他的故事早在一个多世纪前就为美国的小学生熟知。因此，许多有关他的书都年代久远。直到近期才出版了一本他的新传记，也就是肯尼思·西尔弗曼的《闪电侠：塞缪尔·F. B. 莫尔斯被诅咒的一生》（*Lightning Man: The Accursed Life of Samuel F. B. Morse*）。它是一位写作技艺精湛的传记作家精心打造的大部头著作，里面记叙了很多细节。喜欢深度阅读的读者应该看看这本书。

现在写作的关于莫尔斯的故事，篇幅不可能少于300页。所以我们可以读读以前的书籍，比如约翰·特罗布里奇在1901年出版的《塞缪尔·莫尔斯》。这本书只有134页，读起来很轻松，它将莫尔斯的缺点浓缩为一句话。这本书里有一幅不错的大事年表，但其中的电报机完工日期有误（应该是1844年）。有一本关于莫尔斯的长篇读物获得了普利策奖，书名是《美国的列奥纳多：塞缪尔·F. B. 莫尔斯的一生》（*American Leonardo: A Life of Samuel F. B. Morse*），作者是卡尔顿·梅比。这本书采用了新闻写作的风格，受到现代读者的欢迎。遗憾的是，这本书里也有一些错误。不过，值得称道的是，书中有一章叫作"美洲原住民"，其中谈到了莫尔斯的政治倾向和本土主义立场。奥利弗·沃特曼·拉金写作的215页的短篇传记《塞缪尔·F. B. 莫尔斯与美国民主艺术》，尽管读起来轻松又有趣，但现在很难找到它了。此外，还有罗伯特·卢瑟·汤普森的《连接大陆：美国电报业的历史》（*Wiring a Continent: The History of The Telegraph Industry in The United States*），对那些只想看有关电报机的内容而不想了解繁杂的人物和故事的读者来说，这本书值得一看。

塞缪尔·艾雷尼厄斯·普赖姆的《塞缪尔·F. B. 莫尔斯的一生》，是其他许多书籍的参考文献来源。塞缪尔·普赖姆是莫尔斯家族指定的传记作者，因此他可以接触到其他很多人无法获得的第一手资料。这本书写得很精彩，里面不仅有难得一见的书信资料，还有证词草稿和犀利的评论。不管从科学还是法律的角度看，这本书都相当专业。至于莫尔斯的艺术成就，这本书中几乎没有提及。然而，对那些想全面了解电报发展历程的人来说，这是一本必读的书。如果你想了解作为艺术家的莫尔斯，可以阅读威廉·克洛斯的大开本著作《塞缪尔·F. B. 莫尔斯》。这本书赞美了莫尔斯的艺术成就，收录了他的全彩画作，并对他的绘画技巧进行了点评。

莫尔斯的信件被收录在厚重的《塞缪尔·F. B. 莫尔斯的信件和日记（两卷本）》中，由塞缪尔·莫尔斯的小儿子爱德华·林德·莫尔斯整理出版。塞缪尔·莫尔斯作为艺术家和发明家的人生持续了大约41年，这部书的第一卷讲述了莫尔斯早年作为学生、年轻艺术家和新婚丈夫的生活，第二卷则讲述了莫尔斯作为发明家的生活、他在萨利号上的经历，以及他发明电报机和搭建第一条电报线路的过程。如果找不到全套书，看第二卷就够了。

总的来说，想了解电报机的发展历程，可以把西尔弗曼、梅比、林德·莫尔斯和普赖姆的作品综合起来看，这样既能满足所有研究者的需要，也能提供大量连贯的信息。与读任何一本书的时候一样，仔细检查日期和细节跟更早时期的资料是否一致很重要，因为错误会被引入后面的书里。

研究莫尔斯的学生或学者将会很高兴地发现，莫尔斯写了很多书信，而且他的许多信件都可以在美国国会图书馆网站上免费查阅。"塞缪尔·莫尔斯文章"馆藏（MSS33670）会让那些喜欢阅读大量资料的人也感到绝望。相较之下，尽管耶鲁大学的莫尔斯档案资料要少得多，但那里有一些莫尔斯的关键信件，特别是他在申请英国专利时写的书信。耶鲁大学最重要的藏品之一是耶鲁大学校友档案（RU830，第2栏），里面有一些关于莫尔斯的文章，它们的写作时间更接近他发明电报机的时间。需要指出的是，纽约公共图书馆里也收藏了一些莫尔斯的信件，在它的网站上就可以查阅。

在当代提及塞缪尔·F. B. 莫尔斯故事的书籍中，一些优秀的作品会将莫尔斯的发明纳入电信业发展的大框架中。其中较为突出的一本是《维多利亚时代的互联网》，它的作者是汤姆·斯丹迪奇。这本书之所以能够脱颖而出，不仅是因为吸引人的书名，还因为它生动地讲述了电报、电话和无线通信技术的诞生。另一本不太畅销但同样有吸引力的书是戴维·博达尼斯的《电力宇宙：电如何开启现代世界》（*The Electric Universe: How Electricity Switched on the Modern World*），它的书名再次以一种巧妙的方式赋予"电"生命，使枯燥的细节变得引人入胜，并阐述了我们对电的认知，以及我们如何利用它来创造现代世界。这两本书适合所有对电信发展历程（以及使其成为现实的人物）感兴趣的人阅读。除此之外，参议员约翰·帕斯托较早以前写的《从灯标到通信卫星的故事》（*The Story of Communications from Beacon Light to Telstar*），是一份可供快速阅读的简短调查报告。

詹姆斯·A. 加菲尔德。加菲尔德的美国总统任期很短，所以关于他的资料很少。幸运的是，坎迪斯·米勒德写作的詹姆斯·加菲尔德传记《共和国的命运：一个关于疯狂、药物和谋杀总统的故事》（*Destiny of the Republic: A Tale of Madness, Medicine and the Murder of a President*）近期出版了，这本经过深入研究和精心撰写的书成为美国公共广播公司的一部纪录片的蓝本。总的来说，加菲尔德从未得到他应有的评价。为数不多的关于他的书大多都像他的总统任期一样简短，但综合起来就可以让读者对他有一个更全面的了解。几十年前，埃德温·P. 霍伊特出版了一本很薄的书《詹姆斯·A. 加菲尔德》，它以刺杀事件作为结尾，书中描述了加菲尔德早年生活的重要阶段，并披露了相关细节。另一本篇幅很短的书是艾拉·鲁特科和亚瑟·M. 施莱辛格的《詹姆斯·A. 加菲尔德》，所有医学爱好者都应该读一读它，因为外科教授鲁特科首次分析了加菲尔德的死亡原因和当时的医疗状况。

加菲尔德的档案资料被收藏在美国国会图书馆和俄亥俄州的希拉姆学院。其中一些资料被整理成两卷本的《詹姆斯·艾布拉姆·加菲尔德的生平与书信》（ *The Life and Letters of James Abram Garfield* ），它的作者是西奥多·克拉克·史密斯。在第二卷中名为"悲剧"的章节中，作者用不到30页的篇幅详尽地描述了加菲尔德总统被枪击的过程。《谋杀詹姆斯·A. 加菲尔德：总统的最后几天以及对刺客的审判和处决》（ *The Murder of James A. Garfield: The President's Last Days and the Trial and Execution of His Assassin* ）一书的作者是詹姆斯·C. 克拉克，尽管这本书很难找到，但它的序言可以在美国国家档案馆网站上下载。1881 年 7 月 3 日，《纽约时报》的文章《一个悲痛中的伟大国家》包含刺杀事件的大量信息和目击者的叙述，上面提到的多本书都引用了这篇文章。

如果历史迷知道查尔斯·吉托射出的子弹、加菲尔德的一块椎骨和吉托的一部分大脑被放置在美国国家健康和医学博物馆里，他们一定会非常感兴趣。加菲尔德的尸检报告可以在 C. A. 怀默 1881 年出版的《加菲尔德总统的完整医案以及所有官方公报》中找到。

电报。正如电报机把语言压缩成代码一样，一本小书也以类似的方式讲述了电报的历史，它就是刘易斯·科的《电报：莫尔斯的发明及其前身在美国的历史》(*The Telegraph: A History of Morse's Invention and Its Predecessors in the United States*)。这本书中的每一句话都可以被扩写成一段话，丰富的内容让读者对莫尔斯的发明产生的影响有了更广泛的认识。想了解更多关于电报的信息，可以读一读乔治·P.奥斯林的《电信故事》(*The Story of Telecommunications*)。这本厚重的书可以满足几乎所有人的需求，兼具精美的图片和百科全书式的文字。虽然它在内容上可能有点儿不连贯，但这样的资源在相关领域中已经是最好的了。杰弗里·L.基夫的著作《电报：社会和经济史》(*The Electric Telegraph: A Social and Economic History*)着眼于英国。戴维·霍赫菲尔德的最新著作《1832—1920年的美国电报》(*The Telegraph in America, 1832—1920*)是一本经过深入研究后写成的书，目标读者是学术界人士。不过，想了解电报、语言和新闻之间联系的读者，可以读一读这本书的第3章，一定会收获良多。

想了解语言的演变和技术的作用，可以读一读娜奥米·S.巴伦的《从字母到电子邮件》(*Alphabet to Email*)。书中关于电报的讨论虽然很短，但内容广泛、引人入胜、令人耳目一新。它的不足之处可以由埃德蒙·威尔逊的著作《爱国者之血》(*Patriotic Gore*)来弥补。《爱国者之血》是一座宝藏，描述了电报诞生前后语言的变化。它的主张是，机械时代和美国南北战争一起推动了"语言的精练"，其中一个因素就是电报。我们也可以通过研究电报如何改变新闻的消费方式，来探究电报的影响。梅纳姆·布隆德海姆的《有线新闻：电报和美国公共信息的传播》(*News over the Wires: The Telegraph and the Flow of Public Information in America*)，对从电报诞生到美联社创立这段新闻服务的历史进行了深入研究，书中有很多关于在电报出现前后新闻如何传播的详细信息。

　　至于今天的在线交流模式，有几本值得一提的相关图书。针对我们的智能设备和社交媒体产生的影响，雪莉·特克尔的《重拾交谈》敲响了警钟，提醒大家注意这些沟通方式的潜在危害。尽管如此，她的态度还是乐观的，而且她认为现代社会中由社交媒体引起的孤独感可以通过面对面的交谈来缓解。刘易斯·芒福德的早期著作《技术与文明》中也谈到了即时通信的影响，他在书中做出了正确的预测，特别指出同理心和同情心将很难传递和接收，这正是现在的教育工作者、家长和学者担忧的问题。

第四章
拍摄

　　埃德沃德·迈布里奇。关于埃德沃德·迈布里奇的故事，读者只需要看看丽贝卡·索尔尼特的文学巨著《阴影之河：埃德沃德·迈布里奇与技术西部》(*River of Shadows: Eadweard Muybridge and the Technological Wild West*)。这是一部经过充分研究、值得一读的优秀叙事作品，以迈布里奇作为线索描述那段历史。尽管索尔尼特的书堪称典范，但它并不是唯一值得称道的讲述迈布里奇故事的作品。另一本佳作是爱德华·鲍尔的《发明家与大亨》(*The Inventor and the Tycoon*)，它是一本涵盖斯坦福和迈布里奇的联系，以及迈布里奇生活中所有人物和事件的大部头作品。然而，有些读者并不需要精彩的故事。对寻求罕见真相的学者来说，阿瑟·迈耶的《埃德沃德·迈布里奇：斯坦福岁月（1872—1882）》（*Eadweard Muybridge: The Stanford Years 1872—1882*）是一个理想的选择。另外，玛尔塔·布朗最近在英国出版的《埃德沃德·迈布里奇》一书提供了一个全新的视角，尽管它很薄，但内容深刻。

许多读者喜欢看讲得好的谋杀故事。特里·拉姆塞的著作《一百万零一夜：电影的历史》（*A Million and One Nights: A History of the Motion Picture*）认为，迈布里奇没有为电影事业做出任何贡献。然而，作者采用谋杀案式的悬疑风格，以精妙而引人入胜的细节讲述了整起迈布里奇凶杀案的传奇经过。对想看精彩故事的读者来说，这本书值得一读。有关谋杀案的审判，读者可以在纳帕县历史学会找到自己感兴趣的资料。

其他有用的资料包括罗伯特·巴特利特·哈斯的《迈布里奇：运动中的人》（*Muybridge: Man in Motion*）和布赖恩·克莱格的《让时间停止的人》（*The Man Who Stopped Time*）。此外，加州数字报纸收藏网站（https://cdnc.ucr.edu/）上有多份加州报纸的在线版本。关于迈布里奇最早尝试拍摄一匹奔驰的马和谋杀案的相关细节，都可以在那里找到。还有一个由斯蒂芬·赫伯特负责维护的综合性网站，名为"大师埃德沃德·迈布里奇"（http://www.stephenherbert.co.uk/muybCOMPLEAT.htm）。最后，迈布里奇写过几本书，在美国的大多数图书馆里都能看到的是《运动中的动物》（*Animals in Motion*）。在这本书中，你可以找到关于他搭建户外摄影棚的细节，以及他用独特的摄影装置拍摄的大量照片。

汉尼拔·古德温。有关古德温牧师这位重要发明家的文章很少。芭芭拉·莫兰2001年发表的一篇文章《击败伊士曼柯达公司的传教士》（The Preacher Who Beat Eastman Kodak），讲述了古德温的故事以及他与伊士曼的斗争，该文发表在现已停刊的《发明与技术》杂志上。古德温也是乔治·赫姆基写的一篇简短的专题论文（只有13页）中的焦点人物，它的题目是《汉尼拔·古德温和胶卷底片的发明》（Hannibal Goodwin and the Invention of a Base for Rollfilm）。这篇文章在美国的大多数图书馆里都找不到，堪称无价之宝，但它的副本可以在发布这篇文章的新泽西州北普兰菲尔德市的弗利特伍德艺术和摄影博物馆获得。读者可以在罗伯特·塔夫脱的著作《摄影和美国场景》（Photography and the American Scene）中找到有关汉尼拔·古德温的细节。其他资料也可以在《新泽西州百科全书》和伊丽莎白·布雷耶的长篇传记《乔治·伊士曼传》中找到，不过后者的内容偏向于伊士曼。关于这场传教士和大亨之间的法律之争，H. W. 许特在一篇文章中进行了很好的总结，它的题目是《大卫与歌利亚：古德温诉伊士曼专利侵权案》（David and Goliath: The Patent Infringement Case of Goodwin v. Eastman）。

想认真研究古德温的学者，可以去参观纽瓦克公共图书馆的查尔斯·F. 卡明斯新泽西信息中心，并在纽瓦克的新泽西历史学会研读查尔斯·佩尔的论文。信息中心的剪报和历史学会的信函有助于填补一些资料空白，特别是佩尔论文中提到的古德温的正式声明。乔治·伊士曼档案馆中存有许多与古德温有关的信件（但没有一封是古德温写的），以及比圣经还厚、比桌子还重的法律文件。想了解古德温所用材料的相关信息，有一本有趣的书叫作《纤维素：会长大的化学物质》（Cellulose, The Chemical That Grows），它的作者是威廉·海恩斯，对这种曾经流行的化合物的历史和应用进行了浅显易懂的描述。罗伯特·D. 弗里德尔写了一本名为《先锋塑料：赛璐珞的制造和销售》（Pioneer Plastic: The Making and Selling of Celluloid）的小书，讲述了一种现在几乎完全被遗忘的材料的历史。

弗雷德里克·道格拉斯。弗雷德里克·道格拉斯是一个超级喜欢照相的人，即使到了现在，我们偶尔还会在阁楼里的某一本旧剪贴簿上看到一张他的照片。弗雷德里克·道格拉斯在多次演讲中，都流露出他对摄影的迷恋之情。约翰·斯塔夫、佐伊·特罗德和西莉斯特–玛丽·伯尼尔的著作《描绘弗雷德里克·道格拉斯》（*Picturing Frederick Douglass*）中收集了他三次重要演讲的底稿（道格拉斯在其中讲述了自己对这种艺术形式的喜爱，还有150多张他的肖像照）。虽然道格拉斯的手写演讲稿《谈照片》、《照片的时代》、《生活照片》和《照片与进步》可以在美国国会图书馆的网站上找到，但很多人可能很难辨别出他的字迹。因此，《描绘弗雷德里克·道格拉斯》中的誊写版演讲稿使这本书成了非常好的资料来源。在亨利·路易斯·盖茨的文集中有一篇弗雷德里克·道格拉斯论述摄影应用的文章，非常浅显易懂。在讨论弗雷德里克·道格拉斯对摄影的应用方面，另一个有用的资源是马西·J. 迪纽斯经过充分研究后写作的《照相机与媒体》（*The Camera and the Press*）一书。

对弗雷德里克·道格拉斯废奴主义言论的研究不仅在美国重新兴起，在英国也复苏了，因为道格拉斯在英国花了几年时间去改变公众对奴隶制的看法。道格拉斯利用经常被美国媒体报道的英国新闻，迂回地传播着他废除奴隶制的主张。汉娜–罗丝·莫里博士的研究证明了这一点。在本书英文版印刷的时候，有一个网站（frederickdouglassinbritain.com）公开了她的研究成果和一张神奇的地图，上面标示了道格拉斯到达大洋彼岸后去过的所有地方。

雪莉卡。关于雪莉卡的细节可以在洛娜·罗思的开创性文章《对照雪莉，终极规范》（Looking at Shirley, the Ultimate Norm）中找到，它发表在2009年的《加拿大传播学期刊》上。罗思的文章之所以具有开创性，是因为她进行了几次访谈，并获得了柯达公司前高管和员工的笔记。这篇文章应该是所有技术领域的学者和教育工作者的必读资料。摄影师亚当·布鲁姆伯格和奥利弗·沙纳兰让"雪莉卡"引起了公众的注意。《卫报》上有一篇关于他们举办的展览的报道，题目为《从艺术展看早期彩色摄影的'种族主义'》，其中提出了一个问题："照相机会是种族主义者吗？"萨拉·瓦赫特–贝彻的著作《技术性错误：性别歧视的应用程序，有偏见的算法和其他有毒科技的威胁》(*Technical Wrong: Sexist Apps, Biased Algorithms, and Other Threats of Toxic Tech*)进一步讨论了这个问题。我们从相关著作和罗思教授的见解中了解到，我们珍视的技术中存在着固有的偏见。

宝丽来。除了有关宝丽来的书籍中将卡罗琳和肯描述为狂热员工的内容之外，介绍卡罗琳·亨特、肯·威廉斯和PRWM的著作不多，其中包括马克·奥尔沙克的《即时成像：埃德温·兰德和宝丽来经验》(*The Instant Image: Edwin Land and the Polaroid Experience*)和彼得·C.温斯伯格的《兰德与宝丽来：一家公司及其创始人》(*Land's Polaroid: A Company and the Man Who Invented It*)。温斯伯格是宝丽来公司的一名高管，见证了PRWM，他从公司角度出发写了这本书。有趣的是，21世纪关于宝丽来的资料中都没有提及这段重要的历史，因为有些作者倾向于探索即时摄影的乐趣，而忽略了它带来的显见的社会影响。这些新作要么是出于修正主义，要么就是因为作者太懒，或者两者兼而有之。

一些学术论文提及了PRWM，比如埃里克·J.摩根的《举世瞩目：宝丽来与南非》(The World Is Watching: Polaroid and South Africa)。有的纪

录片也提到了这一历史事件，比如《你有听到约翰内斯堡的消息吗？》，卡罗琳·亨特客串其中。2013年，卡罗琳·亨特接受了《现在民主！》的采访，20世纪70年代，卡罗琳·亨特曾在波士顿公共电视台的"Say Brother"栏目中担任嘉宾。

想知道关于PRWM的更多细节，可以在《哈佛深红报》中找到对该事件发生经过的描述。密歇根州立大学网站上的"非洲活动家档案项目"中也有一些相关资料，网址是www.africanactivist.msu.edu。PRWM的档案可以在纽约公共图书馆中为研究哈莱姆区黑人文化服务的朔姆堡馆藏中找到，对这个几乎没有文件记录的事件来说，这里的资源可说是非常丰富了。在哈佛商学院可以找到宝丽来公司的档案，它对研究这一课题的学者来说也是十分宝贵的资源。

第五章
看见

威廉·华莱士。在过去的大多数有关爱迪生的书籍中，发明家威廉·华莱士通常都是作为配角出现的。就连现代的书籍也延续了这一趋势。幸运的是，崇拜爱迪生的工程师威廉·哈默对爱迪生的发明编年史了如指掌，他为《电气工程师》写了三篇关于威廉·华莱士的文章，均发表于1898年，很容易找到。约翰斯·霍普金斯大学出版社出版的《托马斯·A.爱迪生论文集》的第3卷中也提到了华莱士。此外，还有一些关于华莱士去世的剪报，康涅狄格州当地的报纸偶尔也会提到他。可惜的是，有关这个促使爱迪生发明电灯的人的文章实在太少了。幸好在康涅狄格州的德比历史学会，可以轻松获得有关威廉·华莱士的详尽的资料，包括剪报和威廉·哈默的文章。他们有一个华莱士专属的小型档案柜，还有他的照片。在安索尼亚至今仍能看到华莱士发明的一盏弧光灯，但它属于私人藏品。史密森尼博物馆中也收藏了他的一盏弧光灯，还有他制造的发电机"telemachon"。

爱迪生的电灯。罗伯特·弗里德尔和保罗·伊斯雷尔的著作《爱迪生的电灯：发明的艺术》（*Edison's Electric Lights: The Art of Invention*）详细记载了灯泡的发明过程。这本书的第一版是最好的，因为它包含了比之后的版本更多的图片。关于灯泡发展过程的介绍既可以在这本书中找到，也可以在爱迪生的传记中找到，包括：尼尔·鲍德温的《爱迪生：发明世纪》（*Edison: Inventing the Century*）、乔治·桑兹·布赖恩的《爱迪生：其人其事》（*Edison: The Man and His Work*）、罗伯特·E.科诺的《好运连连》（*A Streak of Luck*）、弗兰克·戴尔和托马斯·马丁的《爱迪生：他的生活与发明》（*Edison: His Life and Inventions*），以及马修·约瑟夫森的《爱迪生传》。最后一本书对灯泡的讨论要优于其他书籍，它是一本出版时间较早的大部头巨著，讨论了爱迪生的建立一个以串联或并联的灯泡为基础的电气系统的想法。想看简要叙述电灯发展的书籍，可以选择《爱迪生：创造未来的人》（*Edison: The Man Who Made the Future*），它的作者是罗纳德·克拉克，书中用一个简短的章节讲述了灯泡诞生的过程。爱迪生的许多论文都可以在罗格斯大学的网站上看到，这里的资源非常丰富。关于电灯发展的档案材料可以在史密森尼学会的威廉·哈默典藏中找到，搜索主题词是"Edisonia"，哈默保存了关于爱迪生的每一篇报道。

我们可以从保罗·W.基廷的著作《点亮美国：通用电灯业务史》（*Lamps For a Brighter America: A History of the General Electric Lamp Business*）开始了解电灯的后续发展历程。想了解照明的历史，可以看看布赖恩·鲍尔斯的《电灯及电力史》（*A History of Electric Lights and Power*），它的特别之处在于阐述了人工照明的诞生过程。

如果你是爱迪生的忠实粉丝，并且想亲临爱迪生完成发明的地方，你可以参观外观依然如故的门洛帕克。不过，这座建筑已经不在新泽西州了，它现在在密歇根州迪尔伯恩的亨利·福特博物馆。亨利·福特非常钦佩爱迪生，于是他把整栋楼都搬了过来，包括一些土壤。在门洛帕克里，一楼的熔炉被用来制造碳灯丝。用于抽取玻璃灯泡中空气的真空泵放在二楼的房间里，而且墙壁上摆满了罐子。门洛帕克是一个值得参观的地方，也是所有研究爱迪生的学者必去的地方。

照明与社会。 人工照明在社会中的作用是一个以无数种方式被无数次提及的话题。关于人工照明对人类文化的影响，最具开创性、令人大开眼界的研究成果可以在沃尔夫冈·希弗尔布施的《不再拥有幻想的夜晚：19世纪的照明工业化》（*Disenchanted Night: The Industrialization of Light in the Nineteenth Century*）中找到。这是一本必读书，内容丰富翔实，观点发人深省。提及人造光的其他文献包括简·布罗克斯的优美散文作品《光明的追求》（*Brilliant: The Evolution of Artificial Light*），以及约翰·A.杰科的技术性与阅读性兼备的作品《城市灯光：照亮美国之夜》（*City Lights: Illuminating the American Night*）。大卫·E.奈的《电气化的美国：新技术的社会意义》（*Electrifying America: Social Meanings of a New Technology*）揭示了光和电对人类社会的影响，被公认为一部经典著作。

光污染的话题在科学文献中已经被分析得很透彻了。其中有些作品已经超越了学术界限，进入大众的视野，比如《人工夜间照明的生态后果》(*Ecological Consequences of Artificial Night Lighting*)，它是由凯瑟琳·里奇和特拉维斯·朗括编著的。一些有关人工照明对野生动物和人类的影响的信息，已经从这类书籍延伸到其他书籍、文章和新闻中。关于夜空消失的问题，最具可读性和趣味性的作品是保罗·波嘉德的《黑夜的终结》，这本书经过了充分研究，写得很清楚。在某些地方，它甚至采用了抒情体来表达对人类失去的一位老朋友——黑暗的看法。那些只想了解事实的读者，可以看看国际暗天协会出版的一本篇幅很短的书《对抗光污染》(*Fighting Light Pollution*)，它讨论了光污染的后果，以及我们可以尝试做些什么来减少光污染。

第六章
分享

金唱片。关于金唱片诞生过程的可靠叙述，可以在《地球的呢喃：旅行者号星际唱片》(*Murmurs of Earth: The Voyager Interstellar Record*)一书中找到，它是卡尔·萨根、F. D. 德雷克、安·德鲁扬、蒂莫西·费里斯、乔恩·隆伯格和琳达·萨尔兹曼·萨根的随笔汇编。在这本书中，我们可以看到金唱片是如何完成的，它里面有些什么内容。虽然金唱片制作于20世纪70年代末，但为了纪念旅行者号宇宙飞船发射40周年，一些新的文献资料出现了。这些内容包括：吉姆·贝尔的著作《星际穿越时代：旅行者号四十年之旅》（ *Interstellar Age: Inside the Forty Year Voyager Mission* ）中的一个章节，蒂莫西·费里斯在《纽约客》上发表的文章《旅行者·号金唱片是如何诞生的》（ How the Voyager Golden Record Was Made ），以及与奥斯马唱片公司再次发行的光盘相配套的插页。有关制作金唱片的故事也出现在卡尔·萨根的传记中，比如凯伊·戴维森的《展演科学的艺术家：萨根传》和威廉·庞德斯通的《卡尔·萨根：宇宙中的一生》（ *Carl Sagan: A Life in the Cosmos* ）。有趣的是，金唱片一直是学术论文的焦点，比如威廉·麦考利的论文（在英国）；金唱片也是《神秘的宇宙》（ *Star Stuff* ）等儿童读物的主题；金唱片还是纪录片的常见题材，比如美国公共广播公司的《最遥远的地方》（ *The Farthest* ），很值得一看。虽然金唱片比大多数美国人都要年长，但它仍然颇具吸引力。

在NASA喷气推进实验室的网站上，读者可以找到金唱片制作过程的相关图片。充满好奇心且愿意花时间的人，可以在美国国会图书馆"塞思·麦克法兰典藏"的卡尔·萨根和安·德鲁扬档案中，找到有关金唱片的线上资料。这些只是现存资料中很小的一部分，其他大多数资料都是纸质的，被保存在华盛顿特区的美国国会图书馆。遗憾的是，这些藏品中并不包含一张真正的金唱片（当时只制作了几张），但这些图片和文字能让人们看到完成这张星际专辑是一件多么令人激动又紧张的事情。

艾伦·洛马克斯。艾伦·洛马克斯是美国"国宝"，他收集了对世界各地的人们来说都富有意义的歌曲。洛马克斯的职业生涯悠长且涉猎广泛，但所有与洛马克斯参与金唱片制作有关的材料都可以在美国国会图书馆网站上找到。关于洛马克斯选择的那些歌曲，可读性最强的资料是伯特伦·莱昂斯的名为"艾伦·洛马克斯和旅行者号金唱片"（ Alan Lomax and The Voyager Golden Records）的博客文章。从这篇2014年被美国国会图书馆网站收录的文章中，我们可以看到洛马克斯从27首歌曲中为金唱片甄选的15首歌曲。证明这份列表真实性的其他材料，可以在有关萨根和德鲁扬的文章中找到。

想获得艾伦·洛马克斯及其作品的信息，可以看看他的几本传记，比如约翰·什韦德的作品《艾伦·洛马克斯：记录世界的人》（*Alan Lomax: The Man Who Recorded the World*），以及多人合著的书籍《艾伦·洛马克斯的南方之旅》（*The Southern Journey of Alan Lomax*）。想了解洛马克斯是如何选曲的，我们可以读一读他钟爱的著作《歌唱测定体系》（*Cantometrics*）。在这本书里，洛马克斯给出了每首歌的图形化表示（类似于心电图），以他发明的音乐风格37点分类法（根据节拍与节奏，乐节与和弦）为基础，目的是利用这种系统化的分类法使他的作品更加科学。就像萨根看星图一样，洛马克斯也有乐图。但是，洛马克斯的成果从未得到他自认为应该获得的关注。尽管如此，洛马克斯还是写了很多文章，创作了大量的音乐作品。在美国国会图书馆的艾伦·洛马克斯档案中可以找到很多这样的资料。

爱迪生的留声机。许多书籍都讲述了留声机诞生的故事，并且提供了相互重叠的细节，包括：尼尔·鲍德温的《爱迪生：发明世纪》、乔治·布赖恩的《爱迪生：其人其事》、罗伯特·E. 科诺的《好运连连》、弗兰克·戴尔和托马斯·马丁的《爱迪生：他的生活和发明》和马修·约瑟夫森的《爱迪生传》等。还有一本短小易读的书是罗纳德·W. 克拉克的《爱迪生：创造未来的人》，专门用了整整一章的篇幅写留声机。其中，科诺的作品更胜一筹，这得益于早期书籍的帮助和作者自己的调查研究。

　　遗憾的是，留声机的光芒被灯泡掩盖了。如果留声机是由一个不太出名的发明家创造的，那么它一定会被大书特书。不过，有几本书填补了这个空白，比如，罗兰·盖拉特的《美妙的留声机》（*The Fabulous Phonograph*）、奥利弗·里德和沃尔特·L. 韦尔奇的《从锡箔到立体声：留声机的演变》（*From Tin Foil to Stereo: Evolution of the Phonograph*），以及蒂姆·法布里齐奥和乔治·F. 保罗的《会说话的机器：插图汇编，1877—1929》（*The Talking Machine: An Illustrated Compendium, 1877—1929*）。从这些著作中，我们可以看到更完整的留声机历史及其产生的影响。

　　如果想了解留声机发展的全貌，读者不必亲临新泽西州就可以看到爱迪生在实验室笔记本上的记录。与留声机发明有关的论文被收录在约翰斯·霍普金斯大学出版社出版的《托马斯·A. 爱迪生论文集》第三卷中，内容比罗格斯大学网站（http://edison.rutgers.edu/）收录的托马斯·爱迪生论文更为广泛，涵盖了爱迪生从1876年4月到1877年12月的工作成果。笔记本条目中混杂着各种各样的想法和图画，人们可以从中看到日期和爱迪生的其他活动。在第三卷的附录中，爱迪生的助手查尔斯·巴彻勒记录了留声机的诞生过程，但这些是在爱迪生发明留声机近30年后才完成的。乔治·帕森斯·莱思罗普1889年在《哈珀周刊》上发表了《与爱迪生对话》（Talks with Edison），这篇文章的记叙与爱迪生本人讲述的故事最为接近。

　　1878年，在发明留声机一年后，爱迪生在《北美评论》上发表了一篇题为《留声机及其未来》（The Phonograph and Its Future）的文章，表明他对自己最喜爱的发明有着宏伟的计划。虽然他是一位了不起的发明家，但他不是一位优秀的未来学家，因为他没有预见到留声机在音乐领域的全部潜力。尽管如此，这篇文章读起来还是很有趣的，因为他预言的大多数事情都在20世纪末得以实现。其他资料包括留声机专利（第200521号），以及1877年《科学美国人》上的一篇文章，这篇文章不仅报道了这个故事，也是留声机历史上的一个关键部分。

录音技术的历史和影响。詹姆斯·格莱克的著作《信息简史》讲述了从在黏土上做记号到如今使用计算机的过程中数据存储方式的变化。这是一本经过详尽研究后写成的书，绝对不会让读者失望。数据背后的科学发展历程被忽视了很长一段时间，现在终于有一位优秀的作者使其重见天日。在有关信息的著作中，还缺少关于磁性材料在数据存储和整个社会中所扮演的角色的讨论。在我写作本书的时候，詹姆斯·D. 利文斯顿出版了一本《驱动力》（*Driving Force*），也有科学家写了很多技术性文章，但还没有人像格莱克那样出色地介绍过磁性材料本身。因此，对大多数人来说，磁性材料仍然是个谜，它们的应用也被视作理所当然。从指南针到硬盘再到医学研究，磁性材料已经支撑起整个人类社会。希望有作者能关注到这个有价值的问题，让磁性材料得到它们应有的关注。

在讨论信息存储的相关著述中，除了缺少磁性材料的介绍，对记录材料的分析中也没有出现爱迪生制造留声机所用的锡箔。许多关于记录介质的专业书籍都忽略了爱迪生使用的锡箔，它们大多会从瓦尔德马尔·波尔森使用的沾满铁屑的金属丝谈起。磁介质无疑是全世界最常用的记录载体，但在磁介质出现之前，数据（从声音开始）都是用包裹在圆筒外的锡箔来记录的。但是，这个事实被一位又一位作者忽视了。加州大学圣迭戈分校是研究磁性记录方面最出色的大学之一，2005年该校有关录音技术历史的网站上刊登了史蒂文·舍恩赫尔的一篇文章，认可了爱迪生所做的贡献。

总的来说，有必要在有关信息存储的文献中增加录音的相关内容。有几本书探讨过录音技术的影响，比如：史密森尼学会出版的浅显易懂的《信息文化》(*Infoculture*)，它的作者是史蒂文·卢巴；还有安德烈·米勒德的《记录美国：录音的历史》(*America on Record: A History of Recorded Sound*)，它讨论了声音储存的历史，以及这些储存方式对美国人生活的影响。关于磁性介质作用的一些细节，我们可以在詹姆斯·利文斯顿的文章《磁性记录100年》(100 Years of Magnetic Memories)中找到，它在探讨了录音功能如何在影响音乐的同时，还引发了对尼克松总统的弹劾。这是一篇读起来轻松愉快的短文，提供了关键事件的时间线。尽管这篇文章进行了很好的概述，但想更深入地理解磁性材料背后的科学，还需要阅读篇幅更长的书籍，比如D. A. 斯内尔的《磁性录音：录音和复制的理论与实践》(*Magnetic Sound Recording: Theory and Practice of Recording and Reproduction*)，或者技术含量高的书籍，比如B. D. 卡利缇的《磁性材料导论》(*Introduction to Magnetic Materials*)。

数据和隐私。莎拉·芭氏在教科书《IT之火》(对普罗米修斯的故事进行了改写)中，从社会、法律和伦理层面上对计算机、互联网、数据进行了出色的阐述。敏锐的读者或学者会发现，这本书中清晰的阐述、法律案例和参考资料非常有用。也有一些面向普通读者的书籍，比如，布鲁斯·施奈尔的《数据与监控：信息安全的隐形之战》，维克托·迈尔·舍恩伯格和肯尼思·库克耶的《大数据时代：生活、工作和思维的大变革》。享有盛誉的"牛顿通识丛书"系列中有一本题为《隐私》的书，它的作者是雷蒙德·沃克斯。

第七章

发现

　　青霉素。青霉素的故事始于亚历山大·弗莱明在皮氏培养皿中发现了一种能杀死细菌的霉菌。但想让青霉素成为对人类有用的抗生素，这种霉菌必须得到大规模培养。这项工作是由牛津大学的科学家霍华德·弗洛里、恩斯特·钱恩和诺曼·希特利完成的，这些科学家和弗莱明的传记中有关于青霉素的完整故事。

　　有两本当代的书籍对所有读者都有用。其中一本是埃里克·拉克斯的《弗洛里医生外套上的霉菌：青霉素传奇故事》(*The Mold in Dr. Florey's Coat: The Story of the Penicillin Miracle*)，它是一部经过充分调研后写就的作品，也是一个讲故事方面的典范。在写这本书的过程中，拉克斯获得了希特利的一些罕见的个人资料和其他科学家的资料，使该书的内容变得更加丰富。另一本权威著作是凯文·布朗的《青霉素之父：亚历山大·弗莱明与抗生素革命》(*Penicillin Man: Alexander Fleming and the Antibiotic Revolution*)，布朗是一位历史学家，也是伦敦的亚历山大·弗莱明博物馆的馆长。正因如此，布朗对弗莱明的生活和工作有着深刻的了解，并煞费苦心地收集了一些罕见的素材。其他与青霉素有关的传记年代更为久远，比如格温·麦克法兰的《亚历山大·弗莱明：人与神话》(*Alexander Fleming: The Man and the Myth*) 和《霍华德·弗洛里：伟大科学家的诞生》(*Howard Florey: The Making of a Great Scientist*)。麦克法兰是一位优秀的作家，但由于他同时为两位非常重要的人物著书立说，所以立场可能会不太公正。所以，思维缜密的读者有必要通过阅读其他书籍来更正，比如伦纳德·比克尔的《起死回生：给世界带来青霉素的霍华德·沃尔特·弗洛里传》(*Rise Up to Life: A Biography of Howard Walter Florey Who Gave Penicillin to the World*)。

在许多非传记的书籍中，我们可以看到关于青霉素发展历程的一般性讨论。约翰·德鲁里·拉特克利夫的简短著作《黄色魔法：青霉素的故事》(*Yellow Magic: The Story of Penicillin*)是在青霉素被发现的那段时间写的，读者可以从中了解全世界是如何看待这项成就的。约翰·C. 希恩的《魔法戒指：青霉素不为人知的故事》(*The Enchanted Ring: The Untold Story of Penicillin*)集中讲述了希恩在青霉素发展后期的研究成果，还谈到了1942年在波士顿椰林夜总会发生的火灾，当时青霉素因挽救了许多烧伤者而在美国出名。除了希恩的作品，罗伯特·黑尔的《青霉素的诞生》(*The Birth of Penicillin*)揭穿了霉菌孢子来自窗户的谎言，它实际上来自一楼的实验室。那些想知道青霉素的故事但又不想看书的人可以看看2006年的电影《青霉素：魔法子弹》(*Penicillin: The Magic Bullet*)，它将弗洛里的故事搬上了大屏幕（和小屏幕）。

青霉素拯救了数百万人的生命。1945年的诺贝尔医学或生理学奖被颁给亚历山大·弗莱明、恩斯特·钱恩和霍华德·弗洛里，无名英雄诺曼·希特利则与该奖项无缘。事实上，聪明的希特利才是制造青霉素的关键人物。当第二次世界大战致使人们无法利用真正的科学设备来大量制造青霉素时，希特利用书架和便盆制造出足够的青霉素。遗憾的是，希特利从未得到应有的认可。不过，一些作者已经通过扎实的努力来纠正这一点。戴维·克兰斯顿和埃里克·西德博顿自费出版了一本可读性很强的小册子《青霉素与诺曼·希特利的遗产》(*Penicillin and the Legacy of*

Norman Heatley），介绍了希特利将青霉素从霉菌中提取出来的贡献。希特利还在《青霉素与运气》（*Penicillin and luck*）一书中谈到了自己做出的努力，他的实验室笔记和日记被收藏在惠康基金会，读起来都很有意思。尽管如此，他的贡献仍然值得更多的认可。

对想获得除这些书之外的更多信息的学者来说，好消息是在档案馆可以找到许多原始资料。弗莱明的论文被存放在大英图书馆，恩斯特·钱恩的论文和希特利的论文则被存放在惠康基金会图书馆。弗洛里的一些论文被存放在英国皇家学会的档案馆中，还有一些在耶鲁大学。约翰·F.富尔顿在耶鲁大学收藏的论文也很有用，因为他是弗洛里的同事和朋友。此外，第一位接受青霉素治疗的美国公民的详细资料，被保存在耶鲁大学医学图书馆中。

玻璃。 在过去的几十年里，陆续出版了一些关于玻璃的非技术性书籍。最近，威廉·S. 埃利斯写了一本面向普通读者的书《玻璃》，讲述了这种材料从古至今的奇妙故事。休·泰特的《玻璃5 000年》以插图的形式展示了许多丰富多彩的古代玻璃制品标本，呈现了玻璃的历史，非专业读者和严肃的玻璃吹制爱好者都可以从中受益匪浅。文献中通常很少见到一步步指导读者吹制玻璃的内容，但那些对玻璃吹制感兴趣的人会很高兴地在泰特著作的末尾看到这样的操作指南。那些不想了解玻璃美学而想获取更多关于玻璃的技术性信息的读者，可以看看C. J. 菲利普斯的著作《玻璃：奇迹制造者》（*Glass: The Miracle Maker*），它虽然年代久远，却是一部经典作品。有些书的技术含量远远超过这本书，但这本书着重讨论了玻璃的历史及其技术应用。对玻璃在科学领域中的作用感兴趣的读者，可以看看马文·博尔特的《玻璃：科学之眼》（*Glass: The Eye of Science*），这是一篇很有用的科学论文。

Pyrex。关于奥托·肖特的文章很少，英语版本的更少。在肖特玻璃公司的网站上可以找到一些基本的介绍，其中包括2009年在《肖特产品方案》上发表的文章《从玻璃实验室到技术公司》。除此之外，还有一些科学论文提及了奥托·肖特的生平，比如发表于1932年的《奥托·肖特和他的研究成果》，它的作者是W. E. S. 特纳。特纳教授从肖特家族获得了第一手资料，还请肖特的儿子审阅了他的文章。还有一篇开创性的文章出自肖特玻璃公司的员工尤尔根·施泰纳之手，它的题目是《奥托·肖特与硼硅酸盐玻璃的发明》。该文是对肖特研究成果最详尽的描述之一，包含45篇参考文献（大部分是德语）。

有关美国Pyrex玻璃的发展历程，可以在许多科学论文、学术著作和畅销书中找到。在科学领域，最早提到Pyrex的论文是E. C. 沙利文的《低膨胀玻璃的发展》。玛格丽特·B. W. 格雷厄姆和亚历克·T. 舒尔迪纳的著作《康宁与创新工艺》（*Corning and the Craft of Innovation*），描述了Pyrex的发展历程。这本书得到了康宁公司的资金支持，所以我们在阅读的时候应该保持批判态度。戴维斯·戴尔和丹尼尔·格罗斯的著作《康宁几代人》（*The Generations of Corning*），全面记载了Pyrex诞生的情况。里贾纳·布拉什奇克在《影像消费者：从韦奇伍德到康宁的设计与创新》（*Imaging Consumers: Design and Innovation from Wedgewood to Corning*）一书中简单提及了Pyrex的发展。总的来说，讲好Pyrex的故事仍然需要进行全面的学术研究。

还有一些向普通读者简要介绍Pyrex的文章，比如，威廉·B. 延森的《Pyrex的起源》（The Origin of Pyrex）是一篇可读性强且非常简练的文章。1949年的《盖弗杂志》（*Gaffer Magazine*）上有一篇文章《造就产业的电池壳》，它是一份很好的资料，可以从康宁公司的档案馆中找到。此外，康宁玻璃博物馆的网站上有好几篇有关Pyrex发展的历史摘要和参考文献，2015年这家博物馆举办了一场庆祝Pyrex诞生100周年的展览。

关于贝茜·利特尔顿的详细情况，她的儿子约瑟夫·C.利特尔顿写了一本名叫《妈妈的回忆》（*Recollections of Mom*）的书，对贝茜·利特尔顿的生活和个性进行了最佳描述，这本书可以从康宁玻璃博物馆的拉科研究图书馆借阅。此外，史密森尼档案馆美国艺术馆藏中有著名的玻璃艺术家哈维·K.利特尔顿（贝茜和杰西的儿子）的口述历史，其中有一些关于Pyrex起源的故事。有趣的是，玛丽·罗琦的《科学碰撞"性"》中也提到了贝茜·利特尔顿。

对于《敌国贸易法》在美国多项技术（从阿司匹林到硼硅酸盐玻璃）中的运用，仍需要进行研究。大多数教科书从未提及这一点，而且大部分讨论都只存在于经济历史学家的学术著作中。1917年《科学美国人》上发表的文章《敌国贸易法》讨论了"一战"的战利品，州档案馆（比如纽约的档案馆）中有一长串的产品清单，它们都是美国在与德国交战时收入囊中的战利品。然而，对于战争的科学收益，特别是从敌人手中罚没的技术，鲜有文章提及。

电子。有多本书都谈到了电子的发现过程，但它们大多是学术著作，比如若姆·纳瓦罗的《电子史：J. J. 汤姆逊和G. P. 汤姆逊》（*A History of the Electron: J. J. and G. P. Thomson*）、佩尔·F.达尔的《阴极射线闪光：J. J. 汤姆逊的电子历史》（*Flash of the Cathode Ray: A History of J. J. Thomson's Electron*）、迈克尔·斯普林福德的《电子学：百年纪念》（*Electron: A Centenary Volume*），以及E. A.戴维斯和伊泽贝尔·福尔克纳的《J. J. 汤姆逊和电子的发现》（*J. J. Thomson and the Discovery of the Electron*）等。这些书籍并不是为普通读者写的，而且少有人对这一发现

进行叙述性描写，但读者仍可以从中感受到汤姆逊的成果产生的影响。最适合普通读者阅读的资料是杂志文章和科学文献中的简短传记，比如 D. J. 普赖斯1956年为 *Nuovo Cimento* 撰写的文章《J. J. 汤姆逊爵士，英国皇家学会会员：百年传记》（Sir J. J. Thomson, O.M., FRS: A Centenary Biography），以及乔治·佩吉特·汤姆逊1956年在《今日物理学》上发表的《J. J. 汤姆逊与电子的发现》（J. J. Thomson and the Discovery of the Electron），这些文章对汤姆逊研究成果的描述更适合非科学界人士阅读。J. J. 汤姆逊的儿子乔治·佩吉特·汤姆逊（也是一位受人尊敬的科学家）非常尽责地发表多篇文章纪念他父亲，然而，这些文章中有很多内容是重复的。有趣的是，一本名叫《我们记忆中的汤姆逊》（*J. J. Thomson as We Remember Him*）的书是乔治和他的妹妹琼合写的，它让人们对汤姆逊的个性有了新的认识。

J. J. 汤姆逊写过一本自传《回忆与反思》（*Recollections and Reflections*）。遗憾的是，汤姆逊从来不写日记，所以他的童年情况至今仍然是个谜。尽管如此，他还是对自己的成长经历和发现进行了深入剖析（J. J. 汤姆逊对如何教授科学很有见解，他的作品读起来很有启发性）。有一些关于 J. J. 汤姆逊的年代较为久远的传记，比如《剑桥三一学院前院长 J. J. 汤姆逊爵士生平》（*The Life of Sir J. J. Thomson: Sometime Master of Trinity College, Cambridge*），详尽地描述了汤姆逊的生活和工作。至于当代人对汤姆逊贡献的讨论，可以看看伊泽贝尔·福尔克纳写的有关汤姆逊的论文和著作《J. J. 汤姆逊和电子的发现》（*J. J. Thomson and the Discovery of the Electron*），它们都值得一读。此外，埃米利奥·塞格雷在《从 X 射线到夸克：现代物理学家和他们的发现》（*From X-rays to Quarks: Modern Physicists and Their Discoveries*）的引言中，对 J. J. 汤姆逊时代的物理世界进行了很好的概括。

虽然有很多关于 J. J. 汤姆逊的文章，但遗憾的是，关于埃比尼泽·埃弗里特的内容很少。为了弥补这一不足，J. J. 汤姆逊在英国最受推崇的科学杂志之一《自然》上为埃弗里特写了讣告，以纪念他对科学的贡献。从这篇文章中可以看出，J. J. 汤姆逊非常尊敬埃弗里特。在科学界，技术人员对于科学家的重要性常常是一个不为人知的秘密，但这个秘密终于被揭开了。有一篇关于这个话题的科学文献《保持文化的活力：20世纪中叶英国医学研究中的实验室技术人员》(Keeping the Culture Alive: The Laboratory Technician in Mid-Twentieth Century British Medical Research)，它的作者是 E. M. 坦西。

第八章

思考

菲尼亚斯·盖奇。许多心理学和神经科学入门教科书中都讨论过菲尼亚斯·盖奇这个案例。在盖奇事件发生的150年后，《科学》杂志上刊登了一篇汉娜·达马西奥及其同事撰写的报告。他们利用现代医疗工具对盖奇的头骨进行了分析，以确定他受伤的具体位置，因为在他死后没有进行尸检。这篇近期发表的题为《菲尼亚斯·盖奇归来》(The Return of Phineas Gage) 的论文，有助于读者快速了解当前医学界对盖奇预后的认识。不过，想知道更多细节的读者可以看看约翰·哈洛博士和亨利·毕格罗博士的原创性医学文章，以及佛蒙特州的报纸文章，获取最接近事故发生时间的信息。对想了解盖奇的读者来说，迄今为止最详尽的一本书是马尔科姆·麦克米伦的《奇怪的名声》(*An Odd Kind of Fame*)，它的附录部分收录了上面提到的一些重要的医学论文和很多原创性研究结果。不过，这本书读起来并不轻松，作者以一种描述性而非叙述性的语言来记录事件，这可能是由于收集到的盖奇的档案材料或相关论文较少。尽管如此，麦克米伦的作品对那些想进一步了解神经科学"零号病人"的读者来说，还是非常有用的。

乔治·威拉德·科伊。尽管乔治·科伊的电话交换机非常重要，但关于科伊及其发明的信息很少。相关内容可以从一些很难找到的旧书中获取，比如约翰·利·沃尔什的《康涅狄格州电信先驱》(*Connecticut Pioneers in Telephony*)、小鲁埃尔·A. 本森的《康涅狄格州百年电话史》(*The First Century of the Telephone in Connecticut*)，以及1907年1月的《科普月刊》上题为《电话服务发展的说明3》(Notes on the Development of Telephone Service III)的文章。这些资料大多存放在纽黑文博物馆、康涅狄格历史学会和康涅狄格图书馆。交换机的工作原理可以在维纳斯·格林的著作《线上竞赛：贝尔系统中的性别、劳动和技术》(*Race on the Line: Gender, Labor, and Technology in the Bell System*)的第20页和第21页找到，写得非常好。那些想了解交换机电气原理图的人，可以看看沃尔什的《康涅狄格州电信先驱》一书的附录部分。想获取有关第一部电话交换机的信息，最好去纽黑文博物馆（它有一个专门的档案柜，还有一台交换机的复制品）。由于康涅狄格州是第一个提供电话业务的州，所以在一些重要的纪念日当地报纸上会有各种各样的报道。有趣的是，最早使用科伊交换机的博德曼大楼一直被看作历史性地标，直到1973年被拆除，这个地方现在被火车轨道占据。2017年，Broken Umbrella剧团制作了一部关于他的话剧《交换机》，尽管如此，科伊仍然是康涅狄格州和美国历史上一个鲜为人知的人。

阿尔蒙·史端乔。 阿尔蒙·史端乔是电话历史上一个被遗忘的人，关于他的文献资料非常有限。史蒂芬·凡·杜尔肯在《19世纪的发明》（*Inventing the 19th Century*）一书中简短地描述了史端乔所做的工作，小戴维·G. 帕克的《连接良好：西南贝尔公司的百年服务》（*Good Connections: A Century of Service by the Men & Women of Southwestern Bell*）一书也对史端乔的生活和发明做了些许介绍（这两本书都存放在堪萨斯城公共图书馆的档案柜中）。此外，在刘易斯·科的著作《电话及其几位发明家的历史》（*Telephone and Its Several Inventors: A History*）中，有关史端乔和其他许多发明家的条目都值得一读。想获得更多资料，研究人员可以联系拉波特历史学会和彭菲尔德历史学会，以获取那里的资料。此外，1899—1902年，报纸上有许多关于史端乔的文章，都跟与女性接线员说再见有关。

晶体管的诞生。 许多书籍都讨论了晶体管的诞生过程，其中最具开创性的作品是迈克尔·赖尔登和莉莲·霍德森的《晶体之火：晶体管的发明及信息时代的来临》，这本书经过充分的研究和精心的编写，为出色地讲好这个故事奠定了基础。最近出版的有关半导体的书籍包括：T. R. 里德的《芯片：两个美国人如何发明了微芯片并引发一场革命》（*The Chip: How Two Americans Invented the Microchip and Launched a Revolution*），沃尔特·艾萨克森的《创新者：一群技术狂人和鬼才程序员如何改变世界》和乔恩·格特纳的《贝尔实验室与美国革新大时代》，每一本都增加了细节并延续了传统的叙述方式。为了从技术角度深入了解硅时代的诞生过程，我们可以看看创造这一现代奇迹的科学家之一弗雷德里克·塞茨的著作《电子精灵：硅的复杂历史》(*The Electronic Genie: The Tangled History of Silicon*)。丹尼斯·麦克温的作品《沙与硅：改变世界的科学》(*Sand and Silicon: Science that Changed the World*)，与读者们分享了他们可能想知道的所有关于硅元素及其社会用途的内容。

关于半导体的物理学知识，我们可以轻易地在材料科学教科书中找到。然而，对大多数读者来说，它们可能太过专业。幸运的是，贝尔实验室早在几十年前就制作了关于晶体结构和性质的易读文本，其中一位重要的作者艾伦·霍尔登拥有使复杂的概念变得清晰易懂且便于普通读者阅读的天赋。霍尔顿的两本书《固体的性质》(*The Nature of Solids*)和《导体与半导体》(*Conductors and Semiconductors*)也值得一读。格雷厄姆·切德的《中间元素》(*Half-Way Elements*)是一本很难找到的平装书，它的语言通俗易懂。除了这些年代比较早的介绍半导体的书籍之外，还有一些近期出版的新书，斯蒂芬·L.萨斯的《文明的实质》(*The Substance of Civilization*)就是其中一本，罗尔夫·E.哈默在教科书《理解材料科学：历史、特性及应用》(*Understanding Materials Science: History, Properties, Applications*)中也做了勇敢的探索。目前还没有材料科学方面的漫画书，但应该有这样的书。此外，有一部伟大但过时了的电影*Silicon Run*展示了现代集成电路的构成，有助于观众了解制造手机和电脑核心部件的所有步骤。

互联网的影响。虽然互联网的影响还是个新课题，但一些早期的科学论文已经指出了这项发明正在改变我们的大脑。2011年发表在《科学》杂志上的论文《谷歌对记忆的影响：信息触手可及的认知结构》(Google Effects on Memory: Cognitive Constructions of Having Information at Our Fingertips)，是由哈佛大学的研究人员贝特西·斯派洛及其同事撰写的，提醒我们关注电子设备对人的影响。这项研究工作虽然重要，但可能还未得到应有的关注。幸运的是，尼古拉斯·卡尔为《大西洋月刊》写作的文章《谷歌让我们变得愚蠢了吗？》引起了轰动。他后来又写了一本名为《浅薄》的书，进一步阐述了这个主题。他将以第一人称记述的经历与科学叙事相结合，创作了一部内容丰富又浅显易懂的巨著。这本书入围了普利策奖决选，从书中的论述和研究结果可以看出它当之无愧。

还有一些书籍提供了有关我们的大脑如何被互联网改变的基础资料。托克尔·克林贝里的著作《超负荷的大脑》，以一种循序渐进的方式讨论了大脑在存储信息的过程中是如何工作的，工作记忆（即大脑便签）有怎样的限度，以及我们的上网时间如何达到了这个限度。还有一本讨论计算机对人脑影响的著作是尼古拉斯·卡达拉斯的《屏瘾：当屏幕绑架了孩子怎么办》。詹姆斯·格雷克的获奖著作《信息简史》，十分详细地分析了海量信息是如何塑造人类的。

一系列的研究表明，互联网正在改变着人类社会的方方面面。查尔斯·塞费的《虚拟非现实：数字欺骗的新时代》(*Virtual Unreality: The New Era of Digital Deception*)讲述了互联网信息的不可靠性，并从某种程度上预言了网络虚假新闻的问题。迈克尔·帕特里克·林奇的《我们的互联网：大数据时代知道得更多而理解得更少》(*The Internet of Us: Knowing More and Understanding Less in the Age of Big Data*)，证明了"知道"与"谷歌知道"之间的区别。斯科特·蒂姆伯格的《文化崩溃：创意阶层的衰落》，着眼于艺术家在信息时代扮演的角色。1995年，克利福德·斯托尔的《硅的万灵油：对信息高速公路的重新思考》(*Silicon Snake Oil: Second Thoughts on the Information Highway*)展示了互联网是如何改变我们的。在这本书中，斯托尔早在谷歌诞生的几年前，就在万维网上分享了他重新思考的结果。

认知科学家正在为我们寻找保持注意力的巧妙方法。由克劳迪娅·罗达编著的技术类书籍《数字环境中的人类注意力》(*Human Attention in Digital Environments*)超出了普通读者的理解范畴，但简单浏览一下这本书，你就会发现人类的注意力被计算机交互影响和控制着。认知科学家正在了解更多关于我们如何思考，以及如何在与计算机交互时管理我们思维方式的内容，光是这个事实就应该会让读者产生阅读兴趣。

许多书籍和文章都在探讨大脑和创造力，然而，关于互联网如何影响创造力的研究还是一个崭新的话题。不过，也有一些权威著述阐述了创造力是如何产生的，以及它如何受到互联网的影响。肯尼思·海尔曼的文章《大脑可能的创造力机制》(Possible Brain Mechanism of Creativity)，讨论了大脑在不同的创造性过程中处于活跃状态的不同部分。他的书《创造力和大脑》(*Creativity and the Brain*)的涉猎面很广，但直到最后一章才谈及创造力的话题。关于创造力和大脑，读者还可以看看沃德齐斯劳·杜赫的文章《创造力和大脑》(Creativity and the Brain)和南希·库弗·安德瑞森的著作《创造性大脑：天才的神经科学》(*The Creating Brain: The Neuroscience of Genius*)。安德瑞森针对这个话题写了一本极好的初级读物，从大脑的可塑性一直谈到提高创造力的思维训练。值得注意的是，创造力、大脑和互联网的交互作用是一个新颖的话题，还有很多东西需要学习和理解。所有研究者一致认为，创造力需要心流，米哈里·契克森米哈赖在《心流：最优体验心理学》一书中非常专业地阐述了这一概念。

技术和人类。每隔十年，文学界就会出现一批审视社会和技术的书籍。有些作品以惊奇的眼光看待技术，有些则表现得忧心忡忡。20世纪，亚历克斯·布罗斯的专著《技术的胜利》（*Triumph of Technology*）对技术满怀深情。一个世纪前，亨德里克·房龙的《人类进化漫谈》展示了人类的祖先制造的工具如何使我们做到了诸多事情。从很多方面看，这些书都是从有利的角度去看待发明的，这没有错。然而，在这个先进的时代，我们需要看到技术的两面性：它让人们在得到一些东西的同时，失去了另一些东西。最近出版的一些书籍采用了"薛定谔的猫"式写作方法，让两种对立的状态并存。有一本书使技术狂热和技术恐惧达到了一种平衡，它就是由艾伦·莱特曼、丹尼尔·萨雷维茨和克里斯蒂娜·德瑟编著的《与精灵共存：关于技术和追求人类主宰的论文集》（*Living with the Genie: Essays on Technology and the Quest for Human Mastery*）。

也有一些书籍在技术对人类的现在和未来的影响问题上持悲观态度。雅克·埃鲁尔的《技术社会》（*The Technological Society*）对社会变化进行了多方面的审视。刘易斯·芒福德的《技术与文明》从实事求是的角度论述了技术对我们的影响。马歇尔·麦克卢汉的《理解媒介：论人的延伸》亦如此，它无疑是一本必读书，因为麦克卢汉有时是位预言家；但它并不是"必须理解的书"，因为麦克卢汉以自己的著述不一定为人所理解而自豪。未来主义者阿尔文·托夫勒的著作《未来的冲击》和《第三次浪潮》，通过描述"一下子发生太多变化"的感觉，以及给大多数人所经历的情况起了"信息过载"这个名字，引起了读者的共鸣。尽管这些书的部分内容过时了，但其他部分还很现代。

总而言之，本书也是旨在服务社会并号召人们采取行动的书籍中的一员。近年来出版的这类图书中的代表作是尼古拉斯·卡尔的《浅薄》，它与蕾切尔·卡森的《寂静的春天》一脉相承，后者在一代人之前就为如何审视我们创造的一切定下了基调。正如本书所揭示的那样，我们当然可以热爱技术，但也决不能被它迷惑。真爱可以接受错误，但也会努力改正错误。这就是本书的核心思想，也是我的写作宗旨。技术和人类必须携手前进，而不能以牺牲人类自身为代价。